蜂病专家进行蜜蜂幼虫病的诊断

山区家庭养蜂

检查蜂群

生产王浆移虫

U0274801

健康子脾

有病死幼虫的花子脾

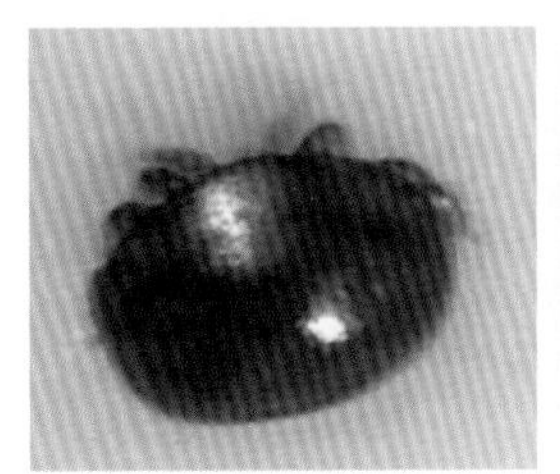

大蜂螨雌性成螨

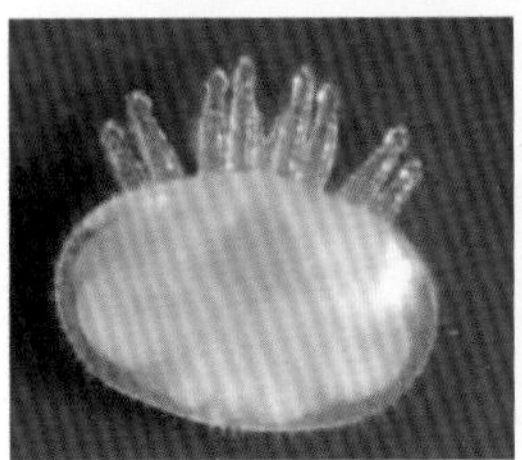

大蜂螨若螨

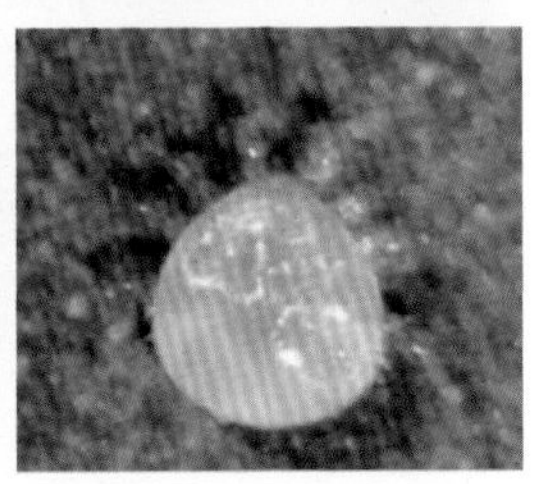

大蜂螨雄性成螨

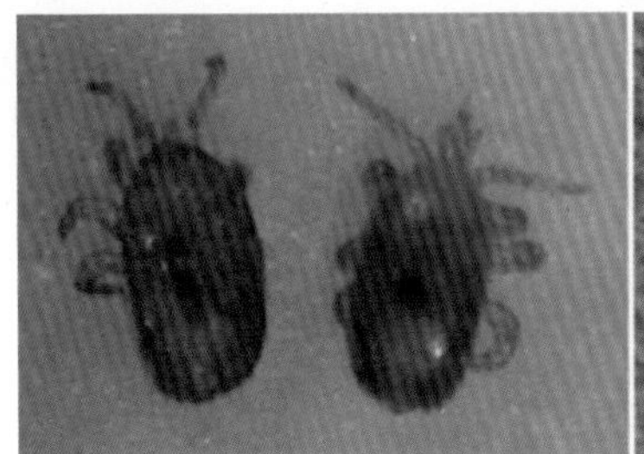

小蜂螨成螨（左）与若螨（右）

被蜂螨危害
至死的蜂蛹

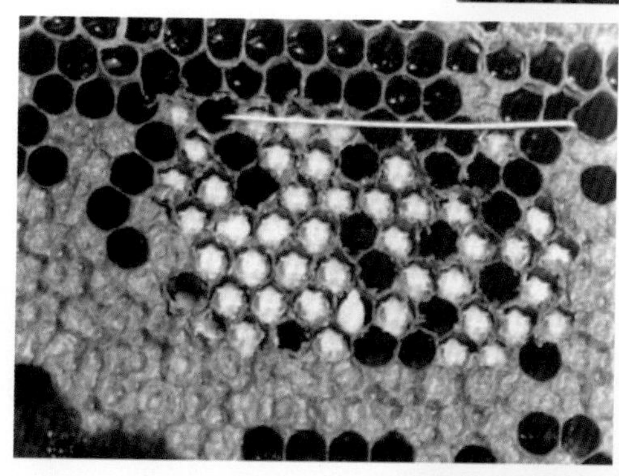

意大利蜜蜂正常
发育的蜂蛹

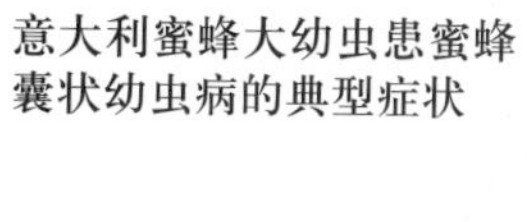

意大利蜜蜂大幼虫患蜜蜂
囊状幼虫病的典型症状

蜜蜂囊状幼虫病
的典型症状

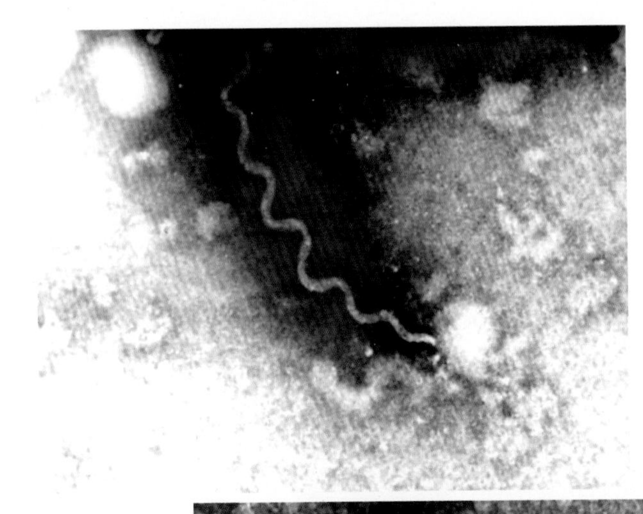

蜜蜂螺旋体
电镜照片

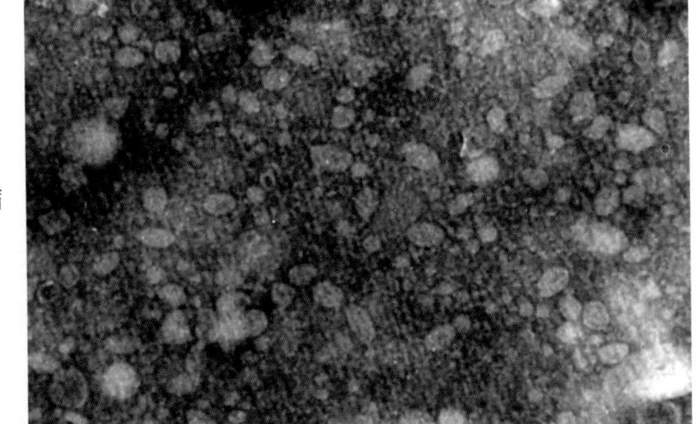

蜜蜂慢性麻痹病
病毒电镜照片

蜜蜂孢子虫
病 孢 子 体
(显微照片)

“帮你一把富起来”农业科技丛书

实 用 养 蜂 技 术

（第三版）

祁云巧　董秉义　编著

金 盾 出 版 社

图书在版编目(CIP)数据

实用养蜂技术/祁云巧,董秉义编著．—3版．—北京：金盾出版社,2015.7(2017.6重印)
(“帮你一把富起来”农业科技丛书/刘国芬主编)
ISBN 978-7-5186-0205-6

Ⅰ.①实…　Ⅱ.①祁…②董…　Ⅲ.①养蜂　Ⅳ.①S89

中国版本图书馆CIP数据核字(2015)第065866号

金盾出版社出版、总发行
北京太平路5号(地铁万寿路站往南)
邮政编码:100036　电话:68214039　83219215
传真:68276683　网址:www.jdcbs.cn
北京军迪印刷有限责任公司印刷、装订
各地新华书店经销
开本:850×1168 1/32　印张:4.625　彩页:4　字数:105千字
2017年6月第3版第21次印刷
印数:164001～169000册　定价:14.00元

(凡购买金盾出版社的图书,如有缺页、
倒页、脱页者,本社发行部负责调换)

“帮你一把富起来”农业科技丛书编委会

主　任
沈淑济

副主任
杨怀文　张世平

主　编
刘国芬

副主编
李　芸　赵维夷

编委会成员
石社民　杨则椿　崔卫燕　魏　岑
赵志平　梁小慧　董濯清

序

随着改革开放的深入和现代化建设的不断发展，我国农业和农村经济正在发生新的阶段性变化。要求以市场为导向，推进农业和农村经济的战略性调整，满足市场对农产品优质化、多样化的需要，全面提高农民的素质和农业生产的效益，为农民增收开辟新的途径。农村妇女占农村劳动力的60%左右，是推动农村经济发展的一支重要力量。提高农村妇女的文化科技水平，帮助她们尽快掌握先进的农业科学技术，对于加快农业结构调整的步伐，增加农村妇女的家庭收入具有重要意义。

根据全国妇联"巾帼科技致富工程"的总体规划，全国妇女农业科技指导中心为满足广大农村妇女求知、求富的需求，从2000年起将陆续编辑出版一套"帮你一把富起来"科普系列丛书。该丛书的特点：一是科技含量高，内容新，以近年农业部推广的新技术、新品种为主；二是可操作性强，丛书列举了大量农业生产中成功的实例，易于掌握；三是图文并茂，通俗易懂；四是领域广泛，丛书涉及种植业、养殖业、农副产品加工等许多领域，如畜禽的饲养管理技术、作物的病虫害防治、农药及农机使用技术以及农村妇幼卫生保健等。该丛书是教会农村妇女掌握实用科学技术、帮助她们富起来的有效手段，也是农村妇女的良师益友。

"帮你一把富起来"丛书由农业科技专家、教授及第一线的科技工作者撰稿。他们在全国妇女农业科技指导中心的组织下，为农村妇女学习农业新科技、推广应用新品种做了大量的有益工作。该丛书是他们献给广大农村妇女的又一成果。我相信，广大农村妇女在农业科技人员的帮助下，通过学习掌握农业新技术，一定会走上致富之路。

沈淑济

沈淑济同志曾任全国妇联副主席、书记处书记

目　录

第一章 养蜂的益处

一、蜜蜂与生态

据考证,昆虫与被子植物几乎同时出现在地球上,蜜蜂即是众多种昆虫之一,经过漫长的自然选择、协同发展进化,形成了多样性的物种。蜜蜂有六大类,即东方蜜蜂、西方蜜蜂、大蜜蜂、黑大蜜蜂、小蜜蜂、黑小蜜蜂等。其中,前2种已被人类饲养,后4种仍处于野生状态。

清朝末年,西方蜜蜂传入国门,促进了我国养蜂业的发展。西方蜜蜂个体大、采集力强、有专一性——即在同一地区有多种植物同时开花而西方蜜蜂只选其中一种采集,直到此种花全部开完才会另选其他。由于西方蜜蜂特别适宜为大面积的农作物授粉,所以在我国平原地区饲养西方蜜蜂的趋势也就迅速发展开来,并慢慢向山区扩展。

中华蜜蜂为东方蜜蜂中的一种,它在我国大地上已生存了几千万年,是我国的特有蜂种。我国有着辽阔的土地,南北跨越温、热两大气候带,地形复杂多样,一年四季均有各种植物开花,多样的自然环境,造就了多样的物种,形成了能适应各种环境的中华蜜蜂亚种;它们主要生活在山区,从寒温带到热带都有分布,它们为我国特有的生态体系做出了重要的贡献。

中华蜜蜂相对西方蜜蜂而言,不但个体较小,群势也没有西方蜜蜂强大,而且中华蜜蜂还有好盗、好飞逃、守卫能力较差等缺点。当自然界没有植物开花的时候,中华蜜蜂常因窥视西方蜜蜂的家园引发争斗而全军覆没,说明中华蜜蜂不是西方蜜蜂的对手。所以,东、西方两种蜜蜂不能在同一地区同时放养。姹紫嫣红、山花烂漫的优美自然景色是由多种植物花组成的,它们需要蜜蜂为其授粉。而西方蜜蜂最适合为单一品种的植物花授粉,不太愿意同时拜访多种植物花,这就会使有些植物因得不到及时授粉而失去繁衍的机会。为了保持生态的平衡,在有条件的地方应大力发展养殖中华蜜蜂。

二、蜜蜂与环保

蜂的种类很多,但唯有蜜蜂是以花蜜、花粉为食。蜜蜂体表覆盖着一层绒毛,可黏附花粉,有可吮吸咀嚼式的口器,并以群体形式生存。一个强大的群体,拥有 1 万～2 万只蜜蜂,这是其他昆虫都无法相比的。因此,蜜蜂不愧是被子植物最重要的带翅膀的媒人。

随着工业化的推进和现代农业的发展,化肥和农药的使用为农业发展和粮食增产发挥了极其重要的作用;同时,也造成了环境污染和生态破坏。因使用高效除草剂和强力杀虫剂,使得昆虫无处安家甚至死亡,蜜蜂也难逃被毒杀的劫难。

有资料介绍,法国的蜂群数量已从 1994 年的 150 万群减少到目前的 100 万群。美国的蜜蜂群数在过去的 20 年间已减少了 30%,有的农民不得不从国外引进蜜蜂为其农作物授粉。

100 年以前,我国饲养的中华蜜蜂有 500 万群,山林中的野生中华蜜蜂更是不计其数;到目前,无论是家养的还是野生的都已不多见。近百年来,中华蜜蜂的群数减少了 80%,分布区域也减少了 75%以上。西方蜜蜂在我国饲养鼎盛时期达到 769 万群,而现在只有 400 万群左右,减少了 40%以上。伟大的科学家爱因斯坦曾预言:“如果蜜蜂消失了,人类生存的时间就可能只有几年。”现在蜜蜂虽然没有完全消失,但如此快速的消减,也是很令人担忧的。

人类及动物赖以生存的条件,离不开清新的空气、纯净的水源和众多的植物。要实现这些生存的条件，就必须重视环境保护，确保生态的平衡。

蜜蜂是人类观察环境情况的一面镜子。据有关资料介绍：有些国家用蜜蜂的生活状态来鉴定环保情况——哪里的污染严重哪里的生态就不平衡，哪里的蜜蜂就会迅速减少；反之，蜜蜂会健康强壮地活跃在花丛中。

三、养蜂是理想的家庭副业

养蜂不与庄稼争土地，不与家禽、家畜争饲料，也不需要投入很多资金。大约每群蜂需投资 300 元，每个劳动力可管理 30 群。如果家庭定地饲养，只要有地方放置蜂群，就还可以多养，因为全体家庭成员均可在业余时间参与蜂群的管理（图 1-1）。正常年景，养蜂 30 群的年收入可达 1 万～2 万元（图 1-2）。在退耕还林工程中，北京市密云县的养蜂户，最高年收入可达 14 万元；陕西省延安市一农户定地养蜂 88 群，年收入 4 万元。

图 1-1　家庭养蜂

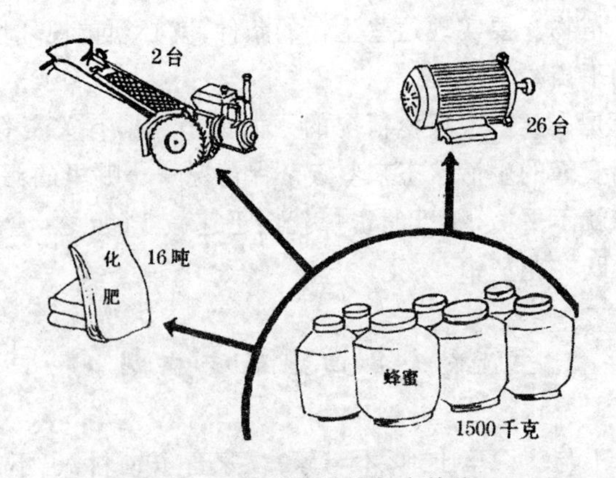

图 1-2　30 群蜜蜂的年产效益

养蜂除了直接经济效益外,更多的是社会效益。蜜蜂是虫媒花植物最好的授粉昆虫,虫媒花作物经蜜蜂授粉后,不但可以增产,还能改善作物的品质,使果实和种子提早成熟,水果可以提早上市,售价高,增加经济效益。用蜜蜂为农作物授粉,三叶草种子增产 4 倍,苜蓿增产 2～4 倍,向日葵增产 34%;油菜可增产 40%以上,并提高了油菜籽的出油量;水果经蜜蜂授粉可增产 50%以上,而且果实又大又甜。养蜂不用增加耕地面积,也不需要增加更多的投入,就可以使农作物增产增收,其增产的产值相当于蜂产品的 10～20 倍。

除了露地农业以外,我国现有 84 万公顷的保护地生产面积。其中,大棚占 69.2 万公顷,温室占 14.8 万公顷。由于大棚和温室内没有授粉昆虫,只好采用人工授粉、点生长素的方法,其结果不但资金投入高,而且工作效率低,质量差,产量也低。为了确保高产,最好用昆虫授粉,蜜蜂即是最佳选择。

总之,在有条件的地方发展养蜂生产,特别是作为家庭副业生产是非常合适的。家庭定地养蜂,既可以增加家庭收入,又可以充分利用当地的蜜源和保持生态平衡,带来更多的社会经济效益。

第二章　蜜蜂的生活习性

蜜蜂是一种社会性群体昆虫,一个蜂群就像是一个王国,有王有民,是一个奇妙的社会。蜂群的王——准确地说它不是王,而是全体臣民的母亲——雌蜂;与其一起生活的男性公民——雄蜂,只有几十至上百只;而主要的公民——工蜂,有成千上万只(图 2-1)。

一、蜜蜂的发育成长

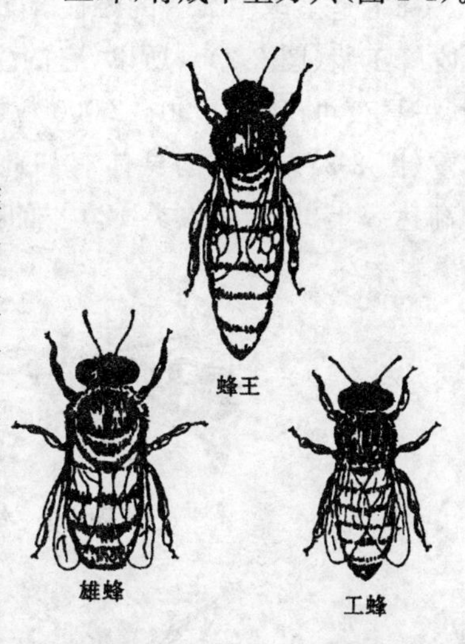

图 2-1　意大利蜜蜂

蜜蜂——无论是蜂王、雄蜂还是工蜂,都要经过由卵、幼虫、蛹到羽化成蜂 4 个变态发育阶段。但是,它们发育各阶段所需要的时间却不相同(表 2-1)。从表 2-1 可知,工蜂、蜂王的幼虫期均为 6 天,前 3 天它们都吃蜂王浆,第四天以后工蜂吃蜂粮(蜜蜂在巢内取食蜂蜜、花粉,并分泌出蜂王浆,在口器中将这 3 种食物混合成浆糊状物即是蜂粮)。因此,工蜂的性器官就停止发育而成为中性蜜蜂,它们从出房之日起就承担起王国中的全部工作,辛劳一生而终。工蜂在半休眠期最长的自然寿命也只有 6 个月,它们是王国中真正的主宰者。

表 2-1　蜜蜂发育各阶段所需时间

三性蜂	卵　期	幼虫期	蛹　期	共需时间
工蜂(中性)	3	6	12	21
蜂王(雌性)	3	6	7	16
雄蜂(雄性)	3	7	14	24

注:时间计算单位为天。

蜂王是王国中唯一的雌性蜂,一生只管生(产卵)不管养,而且只吃蜂王浆(图 2-2)。所以,它的生殖系统发育非常好,生殖力很强,一昼夜可产卵 1 500～2 000 粒,卵的总重量相当于蜂王自身的体重(图 2-3)。蜂王的身体有如此大的消耗,可是它的自然寿命却高达 8 年,相当于人类 120 岁的高龄。

图 2-2　饲　喂

雄蜂是王国中的“花花公子”,其任务只有一个——争当新郎。雄蜂羽化成蜂 12 天之后即可参与情场竞争,如果它如愿当了新郎,其生命也将就此结束。雄蜂的寿命受外部条件影响很大,一般雄蜂的自然寿命为 40 天左右。

图 2-3　蜂王产卵

二、蜜蜂的行为与习性

在蜜蜂世界中，蜂王除了繁殖之外还有一个功能，即控制蜂国(蜂群)臣民(工蜂)的多少。能否维持强大的蜂群，关键是蜂王的体质。蜂王的体表有一种物质叫蜂王外激素，在蜂巢里无论蜂王走到哪里在其周围都会有侍卫工蜂围在身边，将头部朝向蜂王并用头顶上的触角触碰蜂王的身体，好似工蜂们在向蜂王进行朝拜。身处蜂王面前的侍卫工蜂，它们随同蜂王的行动而动，只要蜂王伸出吻它们即刻将蜂王浆献上。蜜蜂与蜂王就在这相互身体接触的过程中获得此物并相互传递。如蜂王正处在青春期，并且其品质优良、身体健康、行为稳重、产卵力强并具有优良品种的血统，这样的蜂王就是优质蜂王，它的外激素分泌量最高，蜂群中能够得到这一信息(蜂王健在)的工蜂数量就会很多。所以，此蜂群就能够维持强大的群势。若是蜂王体质差，就不可能分泌足够的外激素，就会使蜂群中有许多工蜂得不到关于蜂王的信息。而得不到蜂王信息的工蜂们，将选择小幼虫培育新王，引起分蜂热(蜜蜂分家)。所以，劣质蜂王是不能维持强群的。

蜂王虽然有控制蜂群强弱的能力，产卵又是它的专职，但是，在什么时候、什么地方、什么蜂房里产卵却是由工蜂来决定。例如，春天到来时蜂群需要发展壮大，工蜂们为了让蜂王多产卵，除了向蜂王提供足够的饲料——蜂王浆之外，还要认真地打扫巢房及蜂巢以确保蜂王有足够、干净及合格的产房，还要用自己的身体摩擦为蜂巢升温(中心达 35℃左右)，以保证蜂儿正常发育。

一年之计在于春，在蜜蜂世界里也是如此。强大的蜂群在春天是要准备分家的，既然要分家就要有蜂王，要培育新蜂王就必须先培育雄蜂。因此，在那些蜂王较老而群势强大的蜂群中，工蜂就会建造许多雄蜂房。平时当蜂王吐吻向围在它身边的工蜂索要食物时,工蜂会立即将蜂王浆吐给它,可是现在工蜂却不急于给它吐浆,只是把吻伸向蜂王,而身体却在向后退,直至到达目的地——雄蜂房才会吐浆喂它。工蜂们就这样请蜂王去雄蜂房产卵。

经过 24 天雄蜂即可出房,当蜂群中出现雄蜂时工蜂再用同样的办法请老蜂王去蜂王的摇篮里产卵,16 天后处女蜂王诞生。在雄蜂出房 12 天,处女蜂王也已诞生了 4 天,此时它们的性器官均已发育成熟,均可前往蜜蜂世界里的“恋爱角”。雄蜂与蜂王的生长发育有相当大的时间差,而两者却又能同时进入情场,这一切都是由工蜂安排的。

图 2-4 婚 飞

但是,在什么样的巢房里应该产什么样的卵,却是由蜂王自己来决定。在蜂王的肚子里有一个独特的球形器官——储精球,它可以将蜂王在婚飞(图 2-4)时得到的精子全部储藏在这个小球囊里以供日后蜂王产卵用。蜂王的触角和前足主要是用来检查测量产房的。蜂王每次产卵之前都要钻入产房认真检查卫生条件是否合格,并用其触角和前肢测量产房的大小。巢房较小就释放精子产一粒受精卵——工蜂卵,巢房较大的就不释放精子产一粒未受精卵——雄蜂卵,巢房更大的也产工蜂卵,因为蜂王与工蜂的卵是同样的受精卵。如果卫生条件不符合要求,蜂王即刻退出另寻合格的产房。如果蜂王受了伤,特别是伤到触角和前足会严重影响其正常产卵,此时工蜂们会寻找小幼虫培育新蜂王以更换残王。

当巢内出现雄蜂卵 40 天左右,大约在 4 月中旬(华北地区)蜂群中已有大量的雄蜂和已出房或未出房的处女蜂王,这时蜜蜂世界即将发生春季里最重大的事件——自然分蜂。当自然分蜂即将开始之时蜂群内异常安静,日常工作基本暂停等待出发。瞬间,分出外迁的蜜蜂就像潮水般协同蜂王涌出巢门飞向天空，片刻之后，随同蜂王落到附近的树木等较高的物体上结团小憩，等待侦察蜂寻找新家归来后迁飞定居。留下的蜜蜂很快便恢复了平静的日常工作与生活。

当炎热的夏季来临时，尤其是南方地区，气温常常超过蜂儿正常发育的极限温度35℃。所以，工蜂只能以逐渐减少向蜂王提供饲料——蜂王浆的办法来控制蜂王产卵量直到停产，以此来减少工蜂饲喂蜂儿和扇动翅膀降低巢温的工作量，以便蜂群安全度夏。

当炎夏过后秋天到来时，工蜂又向蜂王提供足够的饲料促使蜂王大量产卵直到气温较低的深秋，以保证蜂群有强大的群势安全过冬。此时为了节省饲料，工蜂们将那些不会干活的大肚汉——雄蜂们撵出家门（图2-5），使其在外冻饿而死。

图2-5　雄蜂被撵出家门

在严寒的冬天，蜜蜂们集结成一个球体，蜂王处在蜂球的中心。蜂球排列密度从表层向内逐渐减小，温度则是由表向里逐渐升高，蜂球表层温度在14℃左右，中心温度在27℃左右。此时，蜂群中没有蜂儿，处于半休眠状态。它们采食蜂蜜来升高体温，吃饱了蜂蜜的工蜂自觉地来到外层替换原外层蜂,就好像战士换岗一样。当群内饲料不足时,为了不让冷空气侵入,外层蜜蜂会一个紧挨一个地头向里钻入巢房,用身体为整个群体结成一个紧密的保护外壳,自己却因冻饿而死在巢房中。

节气对蜜蜂的生活影响很大,特别是在北方地区立春之后,蜂王将开始产卵,蜂群的冬眠基本结束。此时,为了保证蜂儿的正常发育,蜂巢中心区域的温度必须在35℃左右。因此,工蜂们大量吃蜂蜜以确保巢温。这时的工蜂既要吐蜂王浆侍奉蜂王,又要养育蜂儿,还要确保巢温,体力消耗非常大。度过漫长冬季的老蜂,其寿命有限,如果群内饲料不足,群势又弱,那么这群蜂将不能独立发展,甚至全军覆没。

工蜂们步入老龄后,已无力再做采集与酿蜜、造脾的繁重劳动,就在家门附近采水、采胶或者看门守卫。当外界没有植物开花时,这些老蜂们会甘冒风险去盗抢别人的蜂蜜。这种行为轻则被追杀而受伤,重则将会引起蜂国间的大战,造成惨重的损失。

当有入侵者来犯或者工作中受到干扰时,蜜蜂们会不顾一切地向来者发起攻击,如果来者是它们的同类将两败俱伤。哺乳动物如骡、马等,它们的汗臭味最容易激怒蜜蜂,动作鲁莽或身有异味和穿戴红色衣物的人,也容易遭受蜜蜂蜇。因为哺乳动物的皮肤有弹性,而蜜蜂的螯针有倒刺,所以蜜蜂蜇了哺乳动物就只有死路一条。当老鼠钻入蜂箱偷吃蜂巢时,蜜蜂们不但将其蜇死,还会用蜂胶将其封固在箱角,避免鼠尸腐臭污染蜂箱。

为了减轻同伴们的劳动辛苦和保证巢内卫生,病重或已老迈即将死亡的蜜蜂们,会拼尽力气向巢门外爬,尽量死在箱门外。

三、工蜂辛劳的一生

一般人们说的蜜蜂,实际上就是工蜂(图2-6)。在工蜂的头部有 1 对可分泌蜂王浆的王浆腺，相当于人类的乳腺，为蜂王和幼虫提供饲料——蜂王浆。在工蜂的胃与肠道之间有一个可开关的活瓣门使得胃成为酿蜜的小加工厂，工蜂们在采集和搬运的过程中将花蜜逐步酿造成蜂蜜。只有当工蜂的肚子饿了那个活瓣门才会打开漏下一点蜜充饥以补充体力。

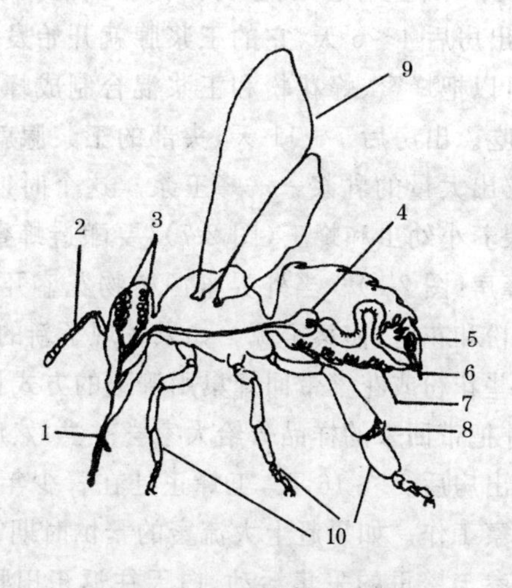

图 2-6 工蜂的身体结构

1. 吻(嘴) 2. 触角 3. 王浆腺 4. 蜜囊 5. 毒囊 6. 螯针
7. 蜡腺 8. 花粉篮 9. 翅膀 10. 前足、中足和后足

工蜂肚子下面的腹板膜内有 4 对蜡腺分泌蜡液，蜡液在空气中凝固成的蜡片像鳞片一样镶嵌在腹板处，工蜂们用足将蜡片取出放入口中揉软再一片片地连接起来建造蜂巢。工蜂出房 3～5 天其蜡腺开始发育，到 12～18 日龄时其蜡腺已达到最好，再长大些蜡腺将逐日萎缩直到停止分泌蜡液。蜡片很小，建 1 个工蜂房须用 50 片，建 1 个雄蜂房要用 120 片，而且只有在大流蜜期时工蜂吃很多蜂蜜才能较多地分泌蜡液，所以工蜂对于蜂蜡非常珍惜，当幼蜂出房后工蜂立即将咬破的房盖固定在巢房口边沿上备用。

在工蜂的尾部有一根带倒刺的螫针与体内的毒囊、毒腺相连,这是它们用来保卫家园攻击敌人的武器。

蜜蜂们的工作分工明确,它们从不需要指挥,而是按照各自的出房日龄自动承担起各发育阶段应做的各项工作。工蜂出房后1～3天,身体发育不健全,还处在幼龄时期,只能从事保温和打扫卫生的工作。出房后4～6天,它的王浆腺就开始发育了,可产生少量的王浆,可以把蜂蜜、蜂花粉和王浆混合制成蜂粮,喂给4～6日龄的大幼虫吃。出房后7～11天,头部的王浆腺就发育得相当好了,可以分泌出大量的乳浆——蜂王浆。这个时期它们的劳动量非常大,要喂养小幼虫和蜂王(图2-7),要酿造蜂蜜、蜂花粉、蜂胶,还要建造蜂房(图2-8)。当外界蜜源植物花盛开大流蜜时,还要外出采集花粉和花蜜,侦察蜜源。如果发现了新的开花植物,它们就会采集一些花粉或花蜜带回蜂巢用舞蹈的方式将这个新发现告诉同伴们,并把带回来的样品分给大家尝一尝,然后带领大家飞向新的蜜源。出房后12～16天,工蜂正处在青少年时期,基本上从事内勤和侦察工作。如果赶上大流蜜的繁忙时期它们也会与成年蜂一样积极参与繁重的采集活动,白天往返于田野和家园之间

图 2-7　工蜂吐浆喂蜂王和幼虫

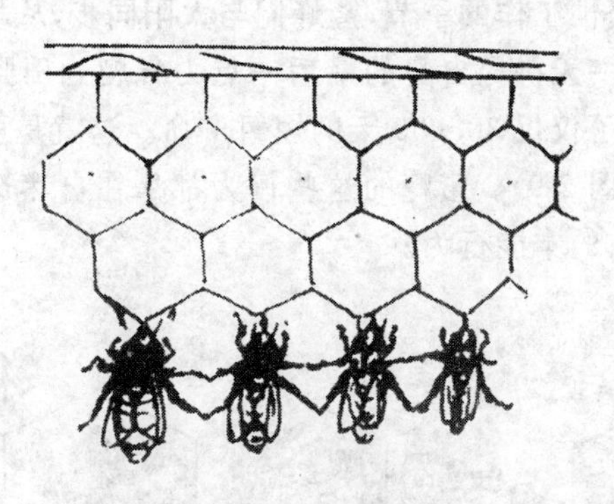

图 2-8　建造蜂房

采集花蜜、花粉，夜晚还要参与酿造蜂蜜、修造巢房、吐浆饲喂小幼虫等工作。出房 16 天以后，工蜂已到青壮年时期，是蜜蜂王国的主体，主要从事外勤工作。工蜂的外勤工作非常辛苦，在采集花蜜、花粉的同时，它们还要采集树胶和水，并把这些树胶制成蜂胶用来消毒蜂房，给蜂王提供干净的产房，为“弟妹们”提供舒适的“摇篮”；而且用蜂胶把巢脾一张张地紧紧相连，把蜂箱上的缝隙用蜂胶糊严实，它们还会用蜂胶把入侵之敌的尸体封存，使得尸体在一段时间里不会腐烂发臭。例如，老鼠经常在蜂群繁忙时偷偷咬破蜂箱进入蜂群偷吃蜂蜜和巢脾等，此时可能遭到蜜蜂攻击而被蜇死，鼠尸用蜂胶密封在箱底，直到被养蜂人发现取出，死鼠不腐不臭。在有花的季节，蜜蜂由于过度劳累，又非常节省，把采集来的蜜、粉尽可能地贮存起来，把酿造成熟的蜂蜜用蜂蜡造一个盖子盖起来保存，不到万不得已时，绝不随便咬开盖子取食。因此，这些辛勤的工蜂们很快就衰老了，在它们羽化出房后 30～50 天时就不再担负采集劳动，只是在蜂箱的附近采水，或做守卫家门等较轻的工作。最后，自知生命即将结束时，就自己爬出家门死在外边，以减少内勤蜂清扫的困难。

在紧张繁忙工作的季节，蜜蜂们与太阳同步，从早到晚拼命地工作，直到有一天拼尽自身的最后一点力气爬到田野花丛中回归大自然，结束了仅仅30～50天的短暂寿命。这就是可爱的小蜜蜂辛劳的一生(图2-9)。蜜蜂的这些行为都是在自然选择下经过漫长进化而形成的本能行为。

图 2-9　蜜蜂辛劳的一生

第三章　主要蜜源植物

无论栽培或野生的植物，只要数量多，花开的时间长，泌蜜量大，能够取到大量花蜜的，就叫做主要蜜源植物。

一、油　菜

图 3-1　油　菜

别名菜籽、芸菜薹（图 3-1）。十字花科 1～2 年生草本植物，有 4 个花瓣。喜温暖湿润的气候。

油菜适应性强，分布很广，开花时间在 20～30 天。在广东省 12 月上旬开花，在江西省 2 月上旬开花，在内蒙古、甘肃和青海地区要在 7～8 月份开花。山东省油菜开花期为 30～35 天，胜利油菜为 40～45 天。一般年份每群蜂可采花蜜 10～25 千克，有的可达 50 千克。蜜为特浅琥珀色，极易结晶，花粉为黄色，对蜂群的繁殖极好。

二、紫 云 英

别名红花、红花草籽、燕儿草、沙蒺藜、米布袋（图 3-2）。花粉为红色至紫红色，伞状花序。长江以南各地栽培用作水稻的绿肥。在江苏省、浙江省 3 月上旬现花蕾，4 月上旬开花，至 5 月中旬花期结束。在气温达 25℃左右时，泌蜜最多，强群可采蜜 20～30 千克。紫云英蜜为浅琥珀色。

图 3-2 紫云英

三、椴 树

别名菩提树(图 3-3)。主要生长在东北林区,分为糠椴(也叫大叶椴)和紫椴(也叫籽椴树)2 种。在黑龙江省 7 月 5 日前后开花,在吉林省 7 月 1 日前后开花,花期 20 多天。在气温高、湿度大时流蜜最多,强群可采蜜 30～50 千克。当气候酷热、多风时,花期缩短,蜜量减少。

四、枣 树

别名红枣、大枣树(图 3-4)。花呈黄绿色,开花期 30 天。在河南省 5 月 20 日前后开花,在山东省 5 月 25 日前后开花,在河北省 5 月 28 日前后开花。枣花蜜中有生物碱,如遇干旱天气蜜汁很浓,极易伤蜂,蜜蜂伤亡较重。应多喂水,在蜂场洒水让环境变得较为湿润,情况会好些。强群可采蜜 15～30 千克。

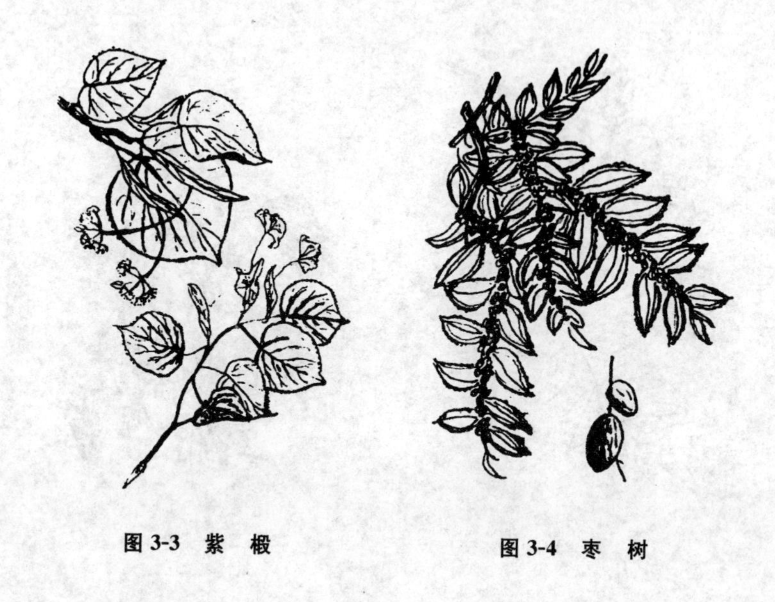

图 3-3　紫　椴　　　　图 3-4　枣　树

五、刺　槐

别名洋槐(图 3-5)。花白色,初开花时蜜少,到花大开时泌蜜较多。受气候影响较大,产量不稳定。刺槐怕水淹,被淹的刺槐翌年开花时流蜜很少。刺槐蜜为白色、透明,不易结晶,气味芳香。强群可采蜜 10～50 千克。

六、荆　条

别名荆子、荆梢子、荆棵(图 3-6)。一般生长在华北地区和东北南部的山沟、谷地、河流两岸、路边和荒地。是华北的主要蜜源,强群可采蜜 15～50 千克。蜜色呈特浅琥珀色,易结晶。花期 40 天左右。北京地区 6 月中旬开花,到 7 月下旬结束。

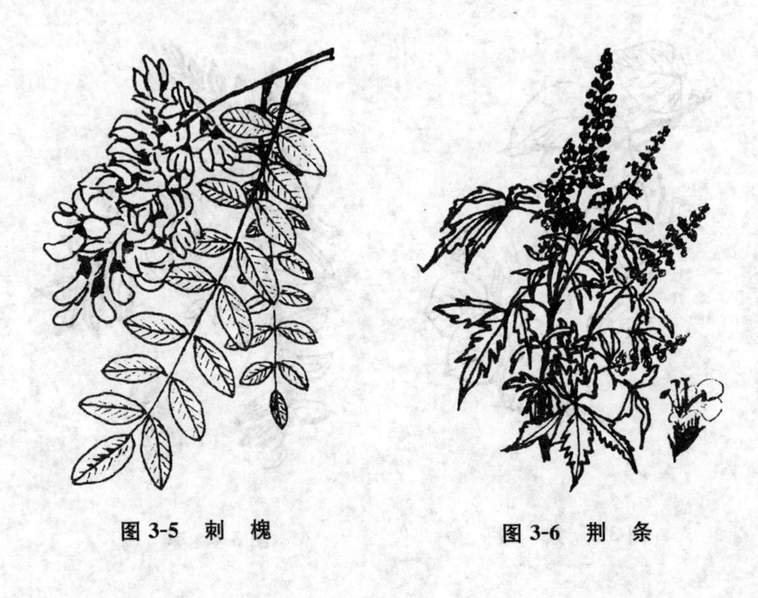

图 3-5 刺 槐　　　　图 3-6 荆 条

七、荞 麦

荞麦(图 3-7)的花呈白色或淡红色,适应性很强,分布很广,全国几乎都有生长。花期 20～25 天。概略开花期:黑龙江省 8 月 5 日,吉林省 8 月 14 日,内蒙古地区 8 月 15 日,甘肃省 8 月中旬,山西省 8 月 18 日,辽宁省 8 月 25 日,山东省、陕西省、河北省 9 月上旬,安徽省、浙江省、河南省、江苏省、湖北省 9 月中旬,湖南省、广东省 10 月初,广西地区 10 月中旬。荞麦蜜呈黑色,含铁高,是缺铁性贫血的最佳补品。荞麦泌蜜量大,强群可采蜜 30～100 千克。

八、救荒野豌豆

别名大巢菜、野豌豆、苕子。另一种是长柔毛野豌豆,别名毛叶苕子(图 3-8)，花呈紫红色。在陕西、山东和华北一带有栽培。花期 25～30 天。开花期：浙江省 5 月 15～20 日，6 月 20 日结束；江苏省 5 月中旬至 6 月中旬；四川省 4 月中旬至 5 月上旬。气温在 24℃～28℃时泌蜜最多。蜜色为特浅琥珀色，花粉为黄色。

图 3-7　荞　麦

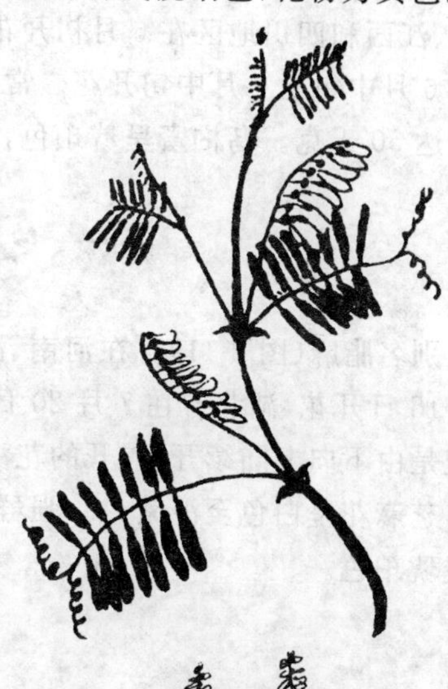

九、白香草木樨

别名扫帚苗、木樨草、白草木樨、宝贝草、青子(图 3-9)。还有一种叫黄香草木樨。适应性强，在高原、沙丘、山坡、平原和海边都可生长。花粉多、泌蜜量大，强群可采蜜25～50 千克。

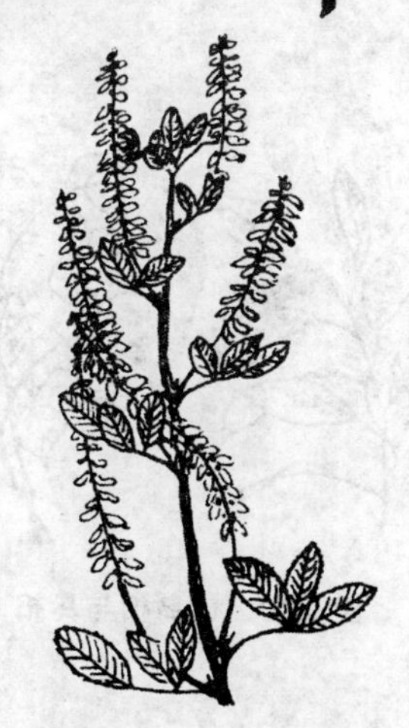

图 3-9　白香草木樨

十、乌　柏

别名桊子、木蜡树、木油树(图 3-10)。花期 25～30 天。广西、湖南、江西和四川地区在 6 月初开花,到 7 月初结束;浙江、湖北地区在 6 月中旬至 7 月中旬开花。常年每群可采蜜 20～40 千克,丰年可达 50 千克。乌桕蜜呈琥珀色,结晶粒粗。

十一、芝　麻

别名脂麻(图 3-11)。在河南、湖北地区栽培较多。河南省在 7 月 15 日开花,湖北省在 7 月 20 日开花。花期 40～50 天。芝麻开花是由下向上陆续开,先开的花泌蜜量大,后开的越往上花蜜越少。芝麻花呈白色至淡紫色。强群可采蜜 10～15 千克。芝麻蜜呈浅琥珀色。

图 3-10　山乌桕与乌桕

图 3-11　芝　麻

十二、荔　枝

别名离支、大荔(图 3-12)。荔枝品种很多,按成熟期可分为早、中、晚 3 类。主要分布在广东、福建和广西等地。早、中熟种蜜汁较稀薄,花粉多;晚熟种泌蜜丰富。晚熟种 4 月上旬至 5 月上旬开花,花期 1 个月,大量取蜜在 4 月中下旬,强群采蜜可达 30～50 千克。

十三、龙　眼

别名桂圆(图 3-13)。花呈浅黄色,有雄花和两性花共生。概略开花期:广东省 3 月 15 日至 4 月 22 日,广西地区 4 月 10 日至 5 月 10 日,福建省 5 月 1 日至 5 月末。龙眼泌蜜有大小年。龙眼蜜呈琥珀色。强群可采蜜 15～25 千克。

图 3-12　荔　枝

图 3-13　龙　眼

十四、棉　花

包括草棉和陆地棉，还有长绒棉，也叫海岛棉(图 3-14)。长绒棉在新疆南部地区有栽培，泌蜜多，强群产蜜可达 100 多千克。花期在 7 月中旬至 10 月上旬。陆地棉分布在云南、广西、广东、福建、台湾、河北、湖北和山东等地。花期：河北省 7 月上旬至 8 月上旬，湖北省 7 月中旬至 9 月上旬。强群可采蜜 10～30 千克，蜜呈水白色，极易结晶。

十五、紫苜蓿

别名紫花苜蓿(图 3-15)。花呈蓝紫色，是多年生草本植物，

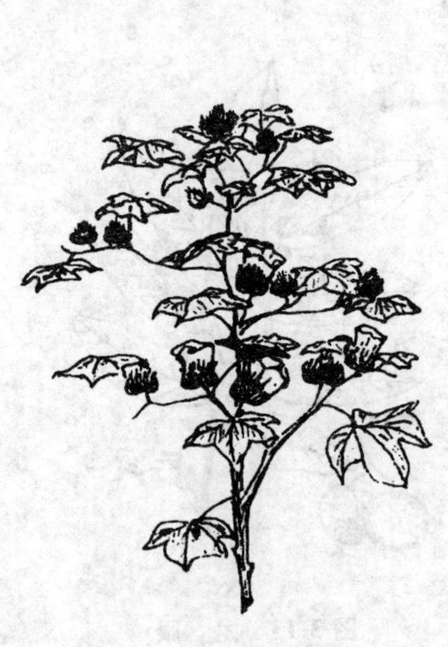

图 3-14　棉　花

图 3-15　紫苜蓿

花期 30 天左右，陕西、河北地区有栽培。强群可采蜜 15～25 千克，蜜呈浅琥珀色。

十六、胡 枝 子

别名苕条、杏条、山扫帚、枝子梢、横子、扫皮、脑痕、雪拉（图 3-16）。花呈紫红色。生长在荒山、林边旷地，在高温闷热的天气泌蜜多。开花在 8 月份，花期 20 多天。强群可采蜜 15～25 千克，产量不稳定。蜜呈浅琥珀色，结晶细腻、洁白。

十七、鸭 脚 木

别名八叶五加、鹅掌柴、鸭母树（图 3-17）。花呈黄白色。广东省 11 月上旬开花，12 月中下旬大流蜜。强群可采蜜 15～20 千

图 3-16　胡 枝 子

图 3-17　鸭 脚 木

克。蜜呈浅琥珀色,易结晶,细腻。

十八、向日葵

别名转日莲、朝阳花(图 3-18)。栽培作物,花黄色。花期 1 个月,河北省 8～9 月份开花,黑龙江省 7～8 月份开花。土壤、气候等条件好时,强群采蜜可达 15～25 千克。蜜呈浅琥珀色,味芳香。

十九、柃

别名野茶、钩茄子树、小茶花、黄名柴(图 3-19)。分布在华南、华中一带。开花期:湖北省、福建省 10 月中旬,江西省、湖南省 11 月上旬,广东省 12 月中旬。强群可采蜜 5～15 千克。蜜呈浅琥珀色,味极香,结晶、乳白色。

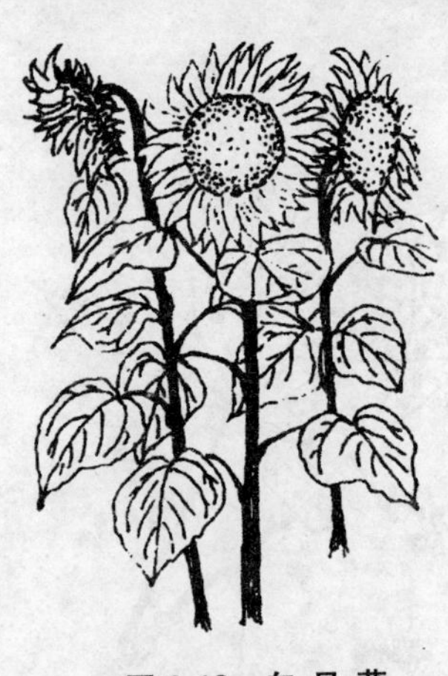

图 3-18　向日葵

图 3-19　柃

二十、野坝子

别名野巴子、野坝蒿、野拔子(图 3-20)。主要分布在云南、贵州和四川等地,花期 9～10 月份。强群可采蜜 15～25 千克。蜜呈特浅琥珀色,结晶后变为乳白色,质地较硬,有"云南硬蜜"之称。

二十一、香薷

别名野合香、臭荆芥、野苏麻、小晶乔、边枝花、满山臭、洋紫蒿(图 3-21)。花呈蓝紫色,有薄荷香气。是甘肃、山东、河北、吉林和黑龙江等地的主要蜜源。强群可采蜜 10～40 千克。蜜呈浅琥珀色,味甘甜芳香。

图 3-20　野坝子

图 3-21　香薷

二十二、柿　树

柿树(图 3-22)的花呈浅黄色。山区、平原都可栽培。开花期:河南省 5 月 5～20 日,山东省 6 月上旬,广东省 3 月中旬。花期 10 天左右。气温高、湿度大时泌蜜多。开花有大小年。常年强群可采蜜 5～20 千克。柿蜜呈浅琥珀色,浓度高,味芳香。

二十三、白刺花

别名狼牙刺、黑刺、褐刺、马蹄针(图 3-23)。花呈白色或蓝白色。陕西、甘肃、四川、云南、贵州、山西、河南和河北地区均有大量分布。从 5 月初至 6 月初,花期为 1 个月左右。白刺花泌蜜量大,常年强群可采蜜 15～50 千克。白刺花蜜呈浅琥珀色,结晶细腻、质硬,呈淡黄色。

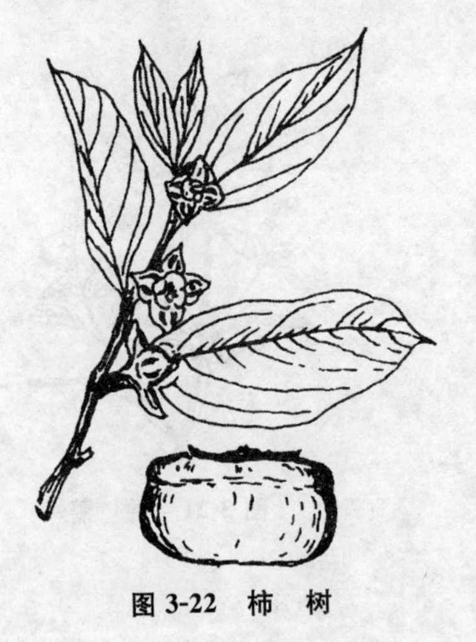

图 3-22　柿　树

图 3-23　白刺花

二十四、桉　树

栽培的桉树(图 3-24)有数十种,其中以大叶桉和赤桉为最多,其次是窿缘桉、蓝桉和柠檬桉。主要分布在长江以南各地,海南、广东、广西、福建和四川地区最多。花期:窿缘桉在 6 月份,柠檬桉为 12 月份至翌年 2 月份,强群可采蜜 10～20 千克。大叶桉、赤桉花期在秋、冬季,泌蜜期达 40～50 天,强群可采蜜 20～30 千克,蜜呈深琥珀色。

二十五、柑　橘

柑橘(图 3-25)的花为黄白色,分布在广东、广西、福建、湖南、江西、四川和浙江等地区。花期:广东省、福建省 2 月下旬至 3 月中旬,江西省、浙江省 5 月上旬至 5 月中旬。25℃时泌蜜丰富,强群可采蜜 15～25 千克。蜜呈浅琥珀色,花粉呈黄色。

图 3-24　桉　树

图 3-25　柑　橘

第四章　蜂场和蜂种的选择

一、蜂场的选择

养蜂是一项很好的家庭副业,但是能不能养蜂,要看当地的蜜源情况。如果在一年当中能有1个以上主要蜜源植物和一些零星开花的辅助蜜源植物,就可以养蜂。

养蜂分为定地饲养和转地饲养,作为家庭副业以定地饲养为主,可以结合小转地饲养。这主要看蜂场周围方圆5千米之内的蜜源情况。因此,蜂场的选择是很重要的。蜜蜂的习性是爱干净,讨厌汗味特别是牲畜的汗臭味,所以蜂场应远离牲畜饲养场,以免牲畜被蜜蜂蜇死。另外,蜜蜂育儿也需要水,所以在蜂场附近应有干净的饮用水。蜂箱应摆放在背风、向阳、干燥、平坦和巢门前方比较开阔的地方,以便于蜜蜂出入(图4-1)。如在山区或在丘陵

图4-1　西方蜜蜂的蜂场

地带，应将场地选在山下，以便蜜蜂采集花粉、花蜜身体负重返回蜂巢时少消耗体力。如果在平原地区，蜂场尽可能选在人员及牲畜活动较少、背风向阳、较为干燥而又靠近饮用水源的地方。这样，既能防止人、畜骚扰蜂群，又能防止蜜蜂影响人、畜的正常活动。

二、蜂种的选择

选好场地之后，就应根据蜜源和地理条件来选择较为适合的蜜蜂品种。蜜蜂主要分为东方蜂种和西方蜂种，西方蜂种又分为欧洲类型和非洲类型。在我国山区，主要饲养的是东方蜜蜂——中蜂。平原地区以饲养西方欧洲类型的蜜蜂为主。西方欧洲类型的蜂种主要有高加索蜂、意大利蜂和卡尼鄂拉蜂，它们是饲养价值最高的蜂种。西方蜜蜂个体大，采集力强，而且有一个共同的特点，就是采集蜜源植物有专一性。当它们正在采集一种开花植物的时候，又有其他植物的花开了，也开始泌蜜，但它们仍然只采原来的植物花蜜，而不采其他花蜜。直到它们所采的花不再泌蜜时，才会去采集别的开花植物。这种特性对于平原地区大面积的果树、蔬菜、油料作物、棉花等农作物授粉非常适合，不但可以充分发挥特长和优势，生产出单花种商品蜂蜜，而且使得到蜜蜂授粉的农作物获得增产，并提高了品质。所以，专业养蜂场饲养的都是西方蜂种。这些蜂种也各有特点：高加索蜂比较耐寒，在我国东北地区饲养较多；意大利蜂比高加索蜂的抗热性强，在长江以南各地区饲养较多。意大利蜂繁殖快，性格较温驯，不爱蜇人。因此，家庭饲养的意大利蜂相对更多一些。

中蜂是东方蜂种之一，它是我国土生土长的蜂种，在南方山区，有土法饲养的，也有野生的。它的习性是见什么花都采。优点是可以充分利用零星蜜源，非常适合为山区植物授粉；缺点是其生产的蜂蜜都是杂花蜂蜜,没有单一植物种类的蜂蜜,而且产量较低。为了提高中蜂的蜂蜜产量,现在中蜂也采用活框式新法饲养(图 4-2)。

图 4-2 中蜂蜂场

三、蜂群的排列

西方蜂种认巢能力较强,所以可以根据蜂场场地大小整齐地排列蜂箱。通常是把巢门朝向南方,以单箱、双箱并列或单箱交错等形式排列(图 4-3),使蜂箱适当地集中,便于管理。

而中蜂的认巢能力较差,没有明显的标志或方向中蜂就很容易跑错门,误入他箱而引起咬杀。所以,中蜂蜂箱的排列就不能像西方蜂种那样整齐、集中。一般中蜂蜂箱应采用分散放置法,巢门可以向东南、正南或西南方向。也可以借用物体来做标志,如摆放柴堆、树枝等(图 4-4),以帮助蜜蜂辨别方位和正确认巢。

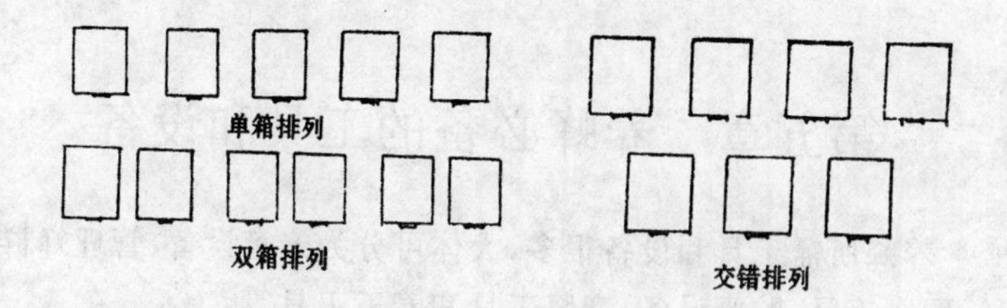

图 4-3　西方蜜蜂的蜂箱排列形式

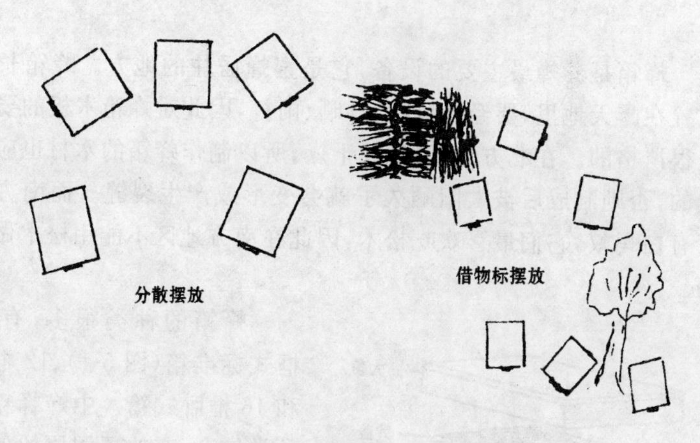

图 4-4　中蜂的蜂箱排列形式

第五章　养蜂必备的工具和设备

养蜂所需工具和设备很多,大体可分为蜂箱设备、管理蜂群工具、取蜜工具、贮蜜设备、产浆工具和养王工具等。

一、蜂　箱

蜂箱是养蜂最主要的设备,它是蜜蜂居住的地方。蜂箱长年放置在露天地里,要经受风吹、日晒、雨打,因此对蜂箱木板的要求是很严格的。在北方地区,气候干燥,所以制作蜂箱的木材也应是干的,否则制成后被太阳晒久了就会变形或产生裂缝。而南方地区有白蚂蚁,它们最喜欢吃松木,因此在南方地区不能用松木做蜂箱。

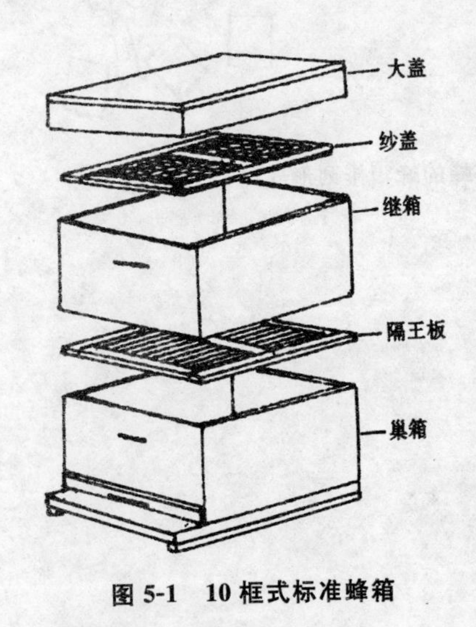

图 5-1　10 框式标准蜂箱

蜂箱的种类很多,有 10 框式标准箱(图 5-1)、12 框箱和 16 框卧式箱。中蜂蜂箱的种类较杂,有的还用原始的土法饲养的蜂桶。为了提高中蜂的蜂蜜产量,已研制出适合中蜂生活的活框式标准箱。蜂箱由大盖、纱盖、继箱和巢箱组成。使用中常在继箱和巢箱之间加 1 块隔王板,以控制蜂王产卵的区域。在蜂箱的里边还配有巢框、隔板,通常每个箱体配 10 个巢框、2

块隔板。在蜂箱前壁的外边还有1块巢门板，在巢门板上留有两边式巢门，以便随时调整巢门的大小。

10框式标准箱是饲养西方蜂种最常用的蜂箱。每套蜂箱除大盖和巢箱之外还应配1个继箱、20个标准巢框、2个隔板、1个饲喂器、1个纱盖和1个隔王板。10框式标准箱及其配套设备的规格：箱体木板的厚度为22毫米，箱底上的底带为15毫米。

巢门板厚7毫米，长400毫米，宽40毫米，在板的上方开2个长30毫米、高10毫米的小巢门，在板的下方开1个长200毫米、高10毫米的大巢门(图5-2，图5-3)。

隔王板有2种：一种是放在巢箱内控制蜂王产卵用的框式隔王板，另一种是放在继箱与巢箱之间的平板式隔王板(图5-4)，用它们把蜂王控制在巢箱或继箱内，一般在繁殖期内用于强群饲养管理，或用于生产蜂王浆时控制蜂王。

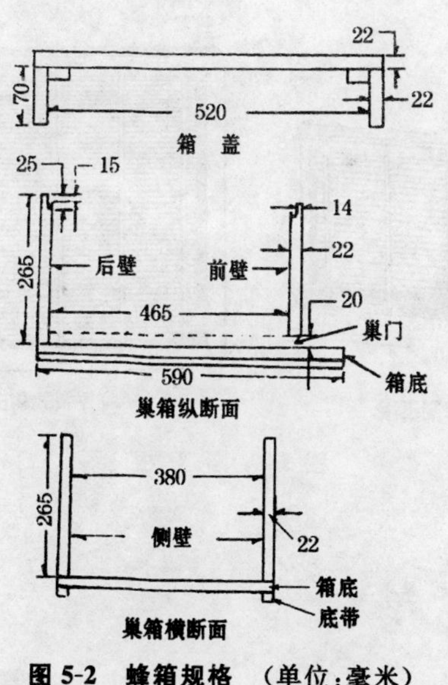

图5-2　蜂箱规格　(单位：毫米)

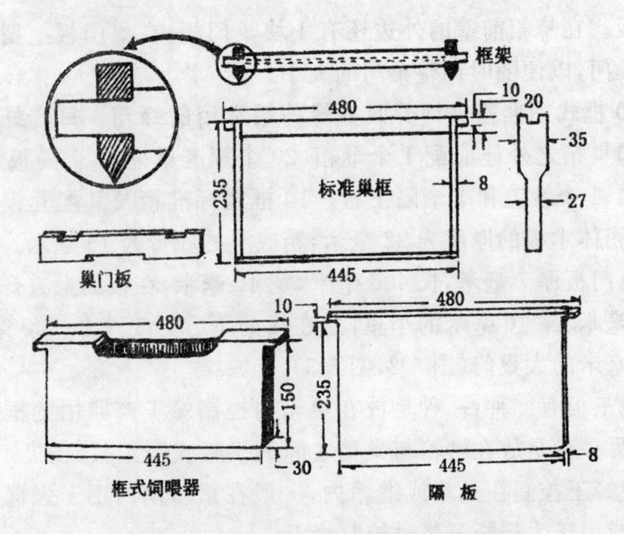

图 5-3 配套设备规格 (单位:毫米)

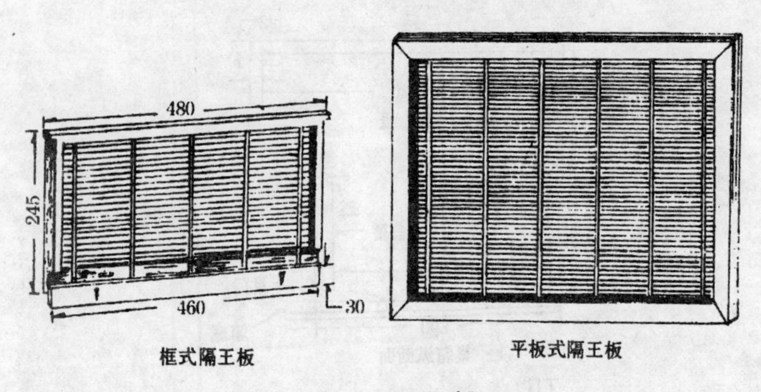

图 5-4 隔 王 板

二、蜂王诱入器

在蜂群常规管理时，有时需要合并蜂群、诱入蜂王、幽禁蜂王等，需用蜂王诱入器。诱入器的种类很多，常用的有2种，一种是全框式诱入器(图5-5)，就是把带有蜂王的巢脾同工蜂一起放入诱入器内，放置在蜂群中，通常在秋季令蜂群断子时控制蜂王用。另一种是安全诱入器(图5-6)，它是在诱入蜂王时使用。把蜂王和几只工蜂扣在有蜜和空巢房的巢脾上，不让失王群的蜜蜂直接接触新诱入的蜂王，以免蜂王被围、被咬伤。诱入2天后观察没有蜜蜂围咬纱笼，就可以把诱入器取下放出蜂王，即诱入成功。

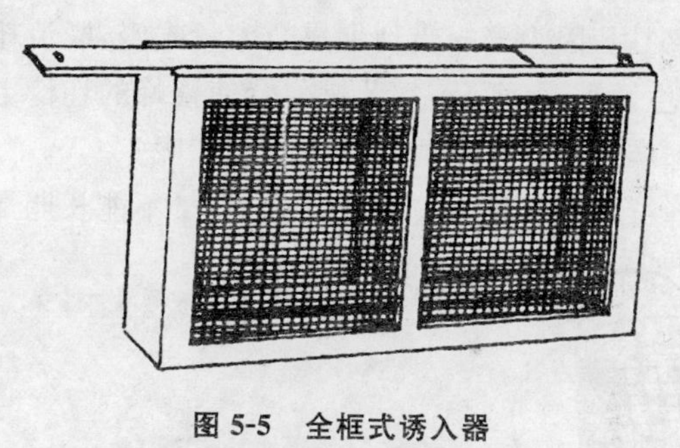

图 5-5　全框式诱入器

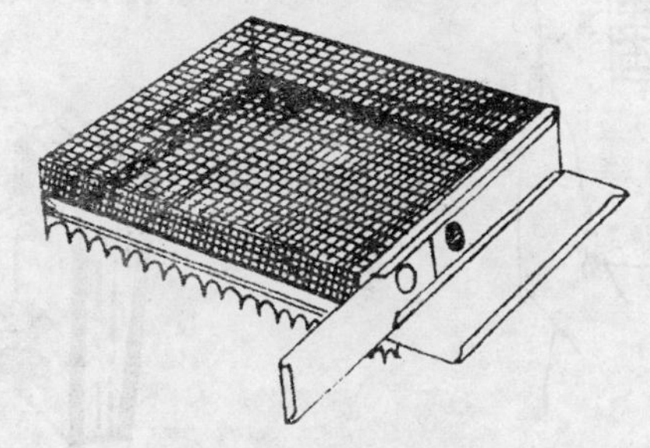

图 5-6　安全诱入器

三、其　他

包括管理蜂群工具、取蜜工具和贮蜜设备等。蜜蜂虽说是人类的朋友,但它毕竟是昆虫,有其先天的本能行为。如果妨碍了它们,它们就会毫不客气地蜇人,有的蜂还特别好蜇人。因此,初学养蜂者和外界没有蜜粉源时,检查蜂群时应该戴上面网(图 5-7),以保护头、脸和脖子。有时蜜蜂特别狂躁,戴面网不管用时只好使用喷烟器(图 5-8)。把草或纸塞进喷烟器内点燃,盖上盖子,挤压鼓风器,烟就喷出来了。对着蜂脾或巢门口喷几下,蜜蜂就会逃开或钻进蜜房吃蜜,这时它们就不会蜇人了。在生产中,这种喷烟的办法应尽量少用,因为蜜蜂受到烟熏会大量吃蜜,既消耗饲料又打乱了蜜蜂的生活秩序;而且,常此操作会使蜜蜂的性情更加凶暴。

那么,怎样才能使蜜蜂的性情较为温和呢?

第一,蜂群不能长期放置在背阴处,但又不能长期暴晒在日光

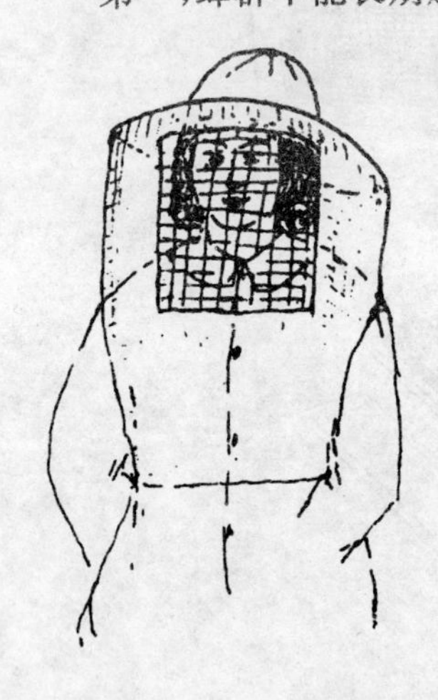

图 5-7　面　网

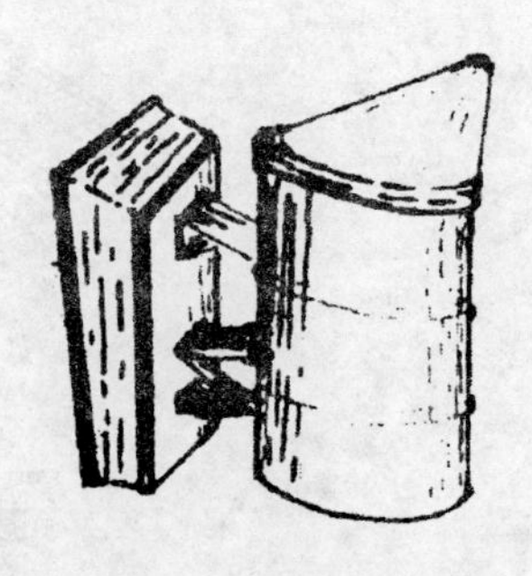

图 5-8　喷烟器

下，特别是夏天要注意遮光。

第二，养蜂人在检查蜂群时应轻拿轻放，尽量不要弄出声响，更不能压伤、压死蜜蜂，否则蜜蜂将会蜇人。在大流蜜期对好蜇人的蜂群进行检查或取蜜时可向蜜蜂身上喷些蜜水，让它们相互舔食以缓解对人的攻击。另外，尽量保持蜂场的安静整洁，尽量避免打扰蜜蜂的正常工作，严禁激怒蜜蜂的行为。这样，好蜇人的蜜蜂就会被慢慢地驯化。

蜜蜂采来的树胶制成蜂胶后黏度很高，蜜蜂用它把巢框连在一起，不用起刮刀撬是没办法将巢框分开的。因此，起刮刀是养蜂不可缺少的工具。还有埋线器、埋线板和铁丝，都是帮助蜜蜂建造新巢脾的工具。在取蜜时，割蜜刀、蜂帚也是不可少的工具（图5-9）。割蜜刀是用来割掉蜜房上的蜡盖的。蜂帚是将巢脾上的蜜蜂扫掉，只有在巢脾上没有蜜蜂时才可以把巢脾放入摇蜜机（图5-10）中将蜂蜜甩出，然后放在桶或缸（图 5-11）中保存。

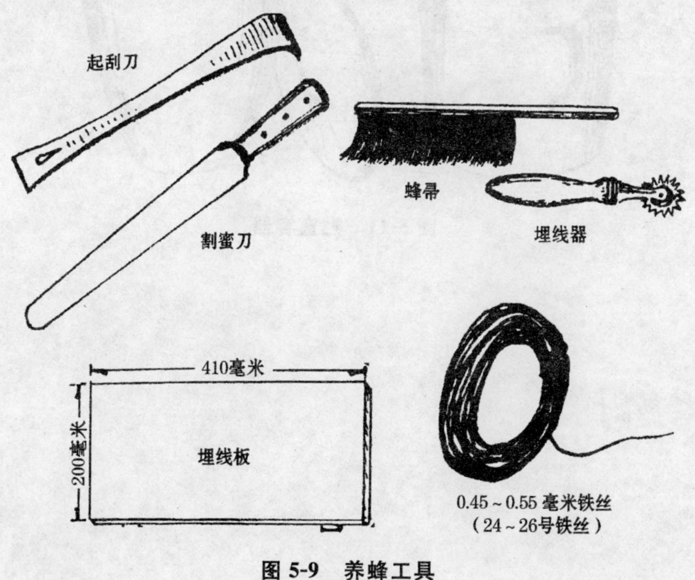

图 5-9　养蜂工具

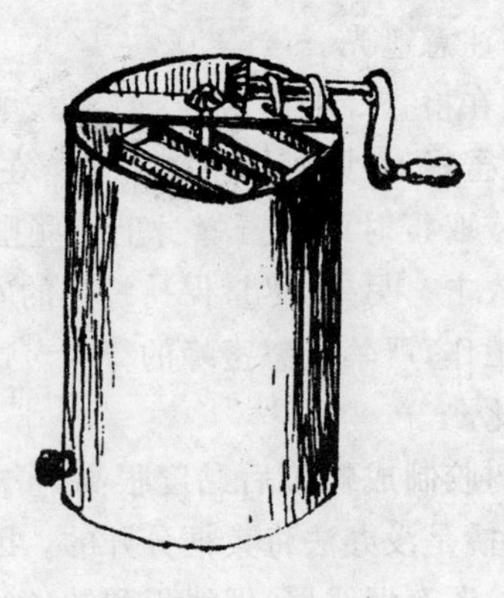
图 5-10 摇 蜜 机

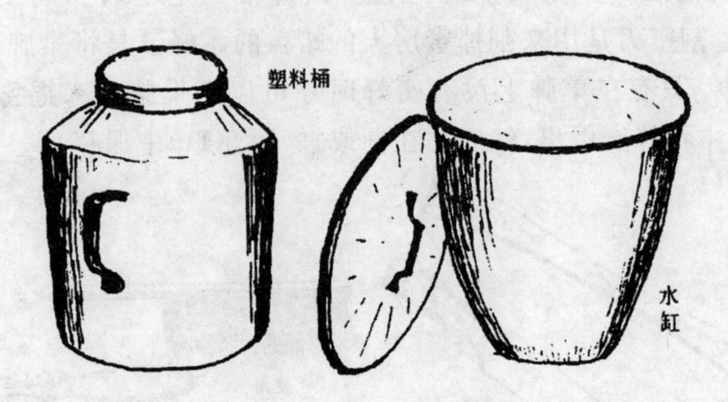

图 5-11 贮蜜容器

第六章　养蜂基本操作

一、蜂群的检查

为了掌握蜂群情况，应对蜂群进行检查。春、秋季早晚温度低，宜在中午检查；夏季天热，宜在早上或傍晚检查；北方地区早春季节宜在晴朗无风、气温不低于14℃时检查。流蜜期检查时，应避开蜜蜂出勤高峰期。平时每隔10～15天快速检查1次。分蜂期和流蜜期每隔5～7天全面检查1次。采蜜和造脾阶段，要经常进行局部检查调整。北方地区冬季寒冷，不宜做箱内检查。

检查时操作者宜穿浅色衣服，戴好面网，首先拿掉蜂箱的大盖，然后用起刮刀把纱盖撬起来（图6-1），动作要轻、要稳，否则会引起蜜蜂的愤怒，群起而蜇人。用起刮刀把巢脾一张张地撬松动，以便顺利地提起来检查。在不同的时期和情况下，检查的目的各不相同，但检查方法基本一样。全面检查时，即依次提出箱内全部巢脾，观察每个巢脾的两面（图6-2，图6-3），要查看蜂王是否健在，

图6-1　用起刮刀撬开纱盖和巢脾

产卵是否正常，子脾数量和存贮饲料情况。在一个蜂群中（4～6框蜂，5～7张巢脾）应以中间向外对称检查：卵、老封盖子（有幼蜂正在羽化出房的封盖子脾即为老封盖子，蜂王最喜欢在幼蜂刚出

房的巢房中产卵)、小幼虫、大幼虫、封盖子、蜜、粉等均匀排布,没有花子脾(子脾上有散乱的空房即为花子脾)说明蜂王产卵正常,有2张以上的蜜粉脾说明饲料充足。

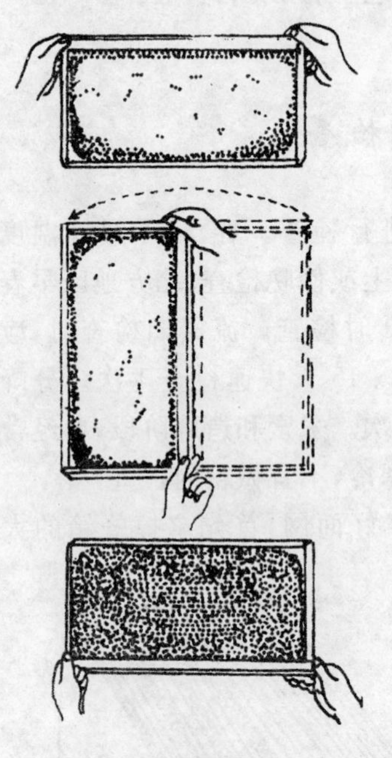

图 6-2 翻转巢脾面的方法

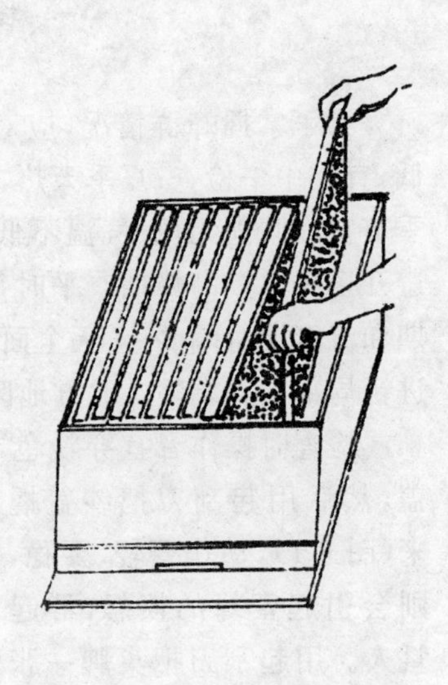

图 6-3 提起或放下巢脾的方法

另外,还要观察子脾和成蜂是否患病。如发现巢房中有幼虫死亡或封盖房顶颜色变深或房顶塌陷并有小孔等现象,即说明发生了幼虫病或受到了蜂螨的严重危害。若是发现成蜂发育不健全,翅膀残缺卷曲不能起飞,在场地上到处乱爬,蜂体上又有蜂螨,就是被蜂螨严重危害的结果。如果蜂群骚动不安,活动异常,有3种可能:①查看是否失王;②若是在春、夏季可能是自然分蜂的前兆,如果过一会儿又异常安静,这就说明自然分蜂马上就要开始了;③是否发生盗蜂或有敌害入侵等。总之,检查蜂群的目的就是要对蜂群内的情况了如指掌，观察蜂王、蜂巢、子脾、蜂儿、成蜂、饲料等情况是否正常，以便及时处理。最好将蜂箱统一编号、建卡，并对各蜂群的检查结果做好记录，以便于加强管理。

二、修造巢脾

巢脾是蜂群生活、繁殖和贮存蜜粉的场所，巢脾的质量是关系养蜂成败的重要条件。为了让蜜蜂把巢房建得更牢固、更快些，养蜂人会在木制的巢框上穿上直径为0.45～0.7毫米（俗称24～26号）的铁丝，注意铁丝一定要拉紧，用手弹时可发出“噔噔”的弹琴声。否则，造好的新脾会变形，或在摇蜜时因受力而断裂。下一工序是上巢础，把巢础从几道铁丝中间穿过，嵌入上梁凹槽内，并用熔化的蜡滴固定在框梁上，最后把上好巢础的巢框放在埋线板上，用埋线器把铁丝压入巢础的房基中（图6-4）。这样，造脾的准备工作就结束了。下一步就该把上好巢础的巢框放入蜂箱内的适当位置，让蜜蜂在此基础上建新的蜂房。

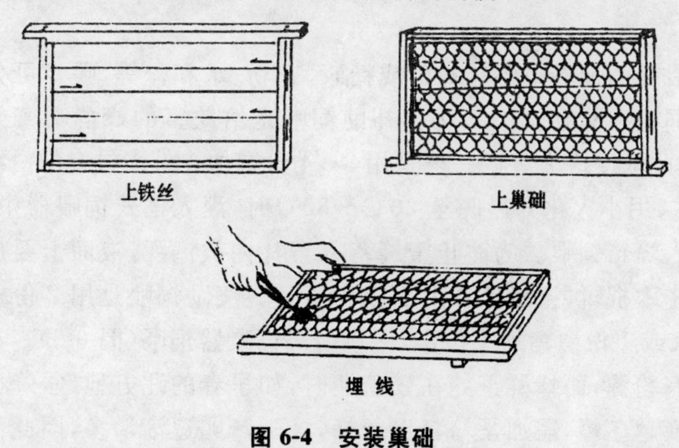

图6-4　安装巢础

蜜蜂的初生体重决定着蜜蜂的强弱，而幼蜂的初生体重与巢脾的使用年限有着直接的关系(表 6-1)。

表 6-1 出房的幼蜂初生体重与巢脾使用年限的关系

巢脾使用时间	巢房的变化(毫米)			新蜂初生体重(克)
	厚 度	直 径	容 积	
1 年以内	0.35	5.38	0.285	0.125
2～3 年	0.5	5.21	0.248	0.118
3 年以上	0.55	4.74	0.247	0.107

从表 6-1 中可以看出,使用时间在 1 年以内的新巢脾里,发育成蜂的幼蜂初生体重最高,而在使用 3 年以上的老旧巢脾中,发育成蜂的幼蜂初生体重最低。在一个蜂群中,如果每个成员的体质都很强,则它们的生产力和抗病力等各方面都会很强,要获得高产就必须饲养这样强壮的蜂群。所以,应抓紧在流蜜期让蜜蜂建造新脾,淘汰老旧巢脾,这是养好蜜蜂的关键所在。

三、蜂群的饲喂

喂蜂的饲料主要有蜂蜜或糖浆、花粉、水和盐等,喂蜂可分为补助饲喂和奖励饲喂 2 种。补助饲喂是给缺蜜的蜂群喂蜜或糖浆,因此浓度应大些。一般是用 3～4 份蜜加 1 份水或 2 份白糖加 1 份水,用小火化开后晾至 20℃～30℃时,灌入框式饲喂器中,傍晚放入蜂箱饲喂。为防止蜜蜂落入蜜汁内被淹死,液面上要放置几根小木棍,供蜜蜂停在上面吸食蜜汁。奖励饲喂是用 2 份蜜加 1 份水或 1 份白糖加 1 份水,用巢门式饲喂器饲喂(图 6-5)。在外界没有粉源,而蜂群正处在繁殖期时,如早春的北方地区,蜂群正在更换越冬蜂,需加紧培育出新蜂,蜂王产卵逐渐增多,因此需要大量的花粉来饲喂幼虫。但外界植物还没有开花,所以要进行人工喂粉。一般把蜂花粉和蜂蜜混合揉成一块饼放在蜂群的巢脾框

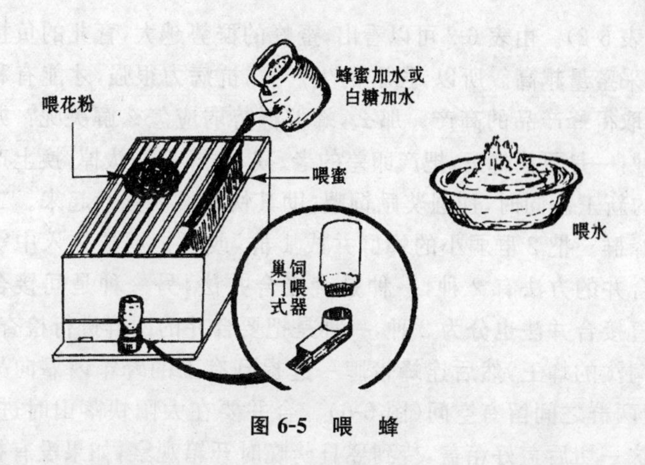

图 6-5　喂　蜂

梁上。这样,蜜蜂在巢内就可以吃到花粉了,不需要飞出去采集,可以节省体力延长一些老蜂的寿命,使蜂群顺利度过春衰期。外界气温在15℃以上时,也可以用脱脂豆粉或玉米粉放在露天地里供蜜蜂采集食用。水是生命的根本,蜜蜂的生活也离不开水。一年四季只有北方冬季蜜蜂处于冬眠时不需要水,其他时间特别是干旱季节更需要喂给大量的水。同时,要补给盐,可在水中加0.1%的食盐,以补充蜜蜂对盐分的需要。如果水中不加盐,蜜蜂就会去厕所等的污水中采水,以获取盐分,因而造成蜂产品被污染,甚至会给蜂群带来病原菌感染的危险。所以,在给蜜蜂喂水时,必须在水中加适量的盐。

四、蜂群的调整

养蜂的目的是获得大量的蜂蜜和蜂产品,因此养蜂不但要给蜂群创造适宜的生活条件和充足的饲料,还要提高蜂群的质量和增加蜂群的数量,为此必须饲养强群。因为蜂群的群势太弱,它的生产力、采集力、抗病力等都很差,不利于生产,所以弱群是没有饲养意义的(表 6-2)。由表 6-2 可以看出,蜜蜂的群势越大,育儿的负担越小,而采蜜量越高。所以,强群的生产力、抗病力很强,才能有利于生产,取得蜂产品的高产。那么,蜂群群势弱应怎么解决呢?办法有两种:一是更换蜂王,把产卵差的老、残、病蜂王淘汰掉,换上产卵力强的新王。同时,加强奖励饲喂,助其快速发展强壮起来。二是合并蜂群。把 2 群弱小的蜂群并成 1 群,或者把弱群并入中等群中。合并的方法有 2 种,一种是直接合并法,另一种是间接合并法。直接合并法也分为 2 种,一种是把要合并的两群进行检查,捉出要淘汰的蜂王,然后连蜂带脾一起提到有王的蜂箱内靠向另一边,使两群之间留有空间(图 6-6)。合并要在太阳快落山时进行,做好这一切后盖好箱盖,待到翌日傍晚时开箱观察,如果没有打架结团的现象,就可以把两处的巢脾并在一起,合并基本成功。这种直接合并法适合在晚秋蜂群越冬前和早春蜂群刚刚开始活动时使用。另一种直接合并法也需在傍晚时进行,是把要合并的蜂群捉走 1 只劣王,然后将保留的蜂王放在事先放好的纱盖上,放在蜂箱前,而后把两群蜜蜂都抖落在纱盖上,同时喷洒蜜水在蜂体上,让它们一同爬进蜂箱,抖掉蜂的巢脾放入箱内盖好盖子(图6-7)。这种直接合并法只能在大流蜜时使用,其他时间一般都采取间接合并法。间接合并法也分为 2 种:一种是用报纸把要合并的两群蜂

表 6-2　不同群势的蜂群育儿量及采蜜量的比较

蜂群群势 千克(框)		平均每千克蜜蜂一生的负担	
		育儿量(只)	采蜜量(千克)
0.5	(1.25)	14170	—
1	(2.50)	10880	7
2	(5)	9554	10
3	(7.5)	8170	11.3
4	(10)	5801	12.2

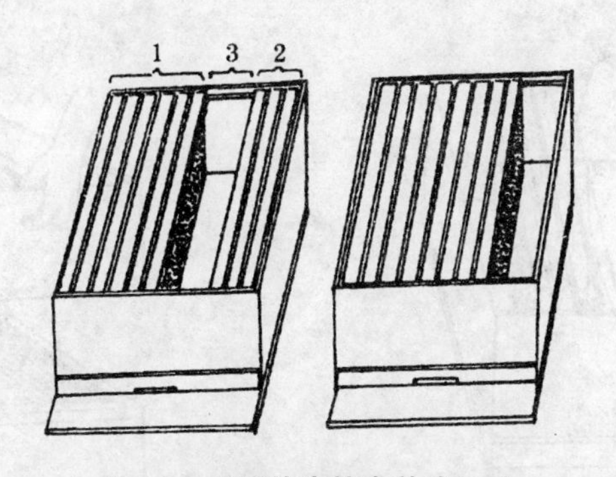

图 6-6　弱群蜂直接合并法(一)

1. 有蜂王的原群　2. 加入的无王群　3. 两群间的空间

图 6-7　弱群蜂直接合并法(二)

隔开,让蜜蜂自己咬破报纸后自然合群(图 6-8)。另一种方法是把无王群放在继箱内,在巢箱与继箱之间放 1 块纱盖,1 天之后把纱盖拿掉(图 6-9)。再过 2 天如果不需要继箱可以将巢脾进行调整后取掉继箱。

对于失王时间较长、群内老蜂较多,且子脾很少的蜂群,首先应补充子脾(大幼虫脾),然后再行合并,或者把这群蜂分散合并到几群中去。

这样合并成的强群,从形式上看是蜂多了、群强了,但其质量

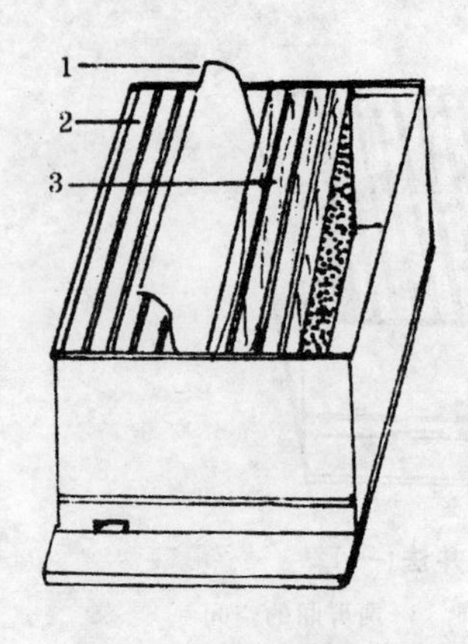

图 6-8　间接合并法(一)

1. 报纸　2. 有王的原群
3. 合并的无王群

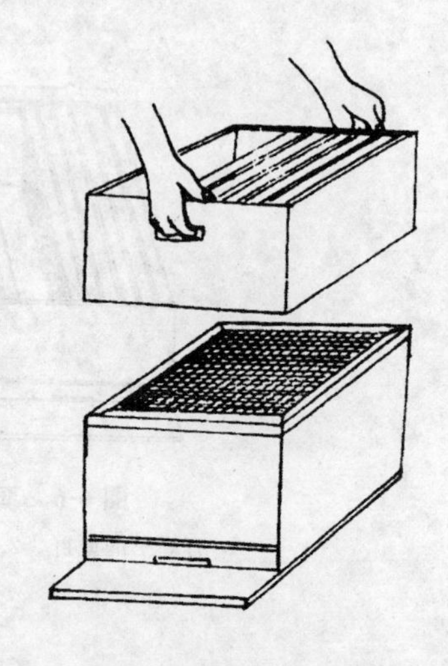

图 6-9　间接合并法(二)

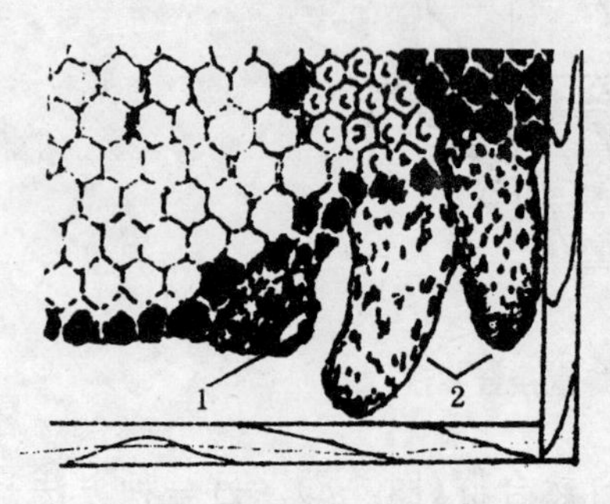

图 6-10　用自然王台换王

1. 王台基　2. 自然王台

并不好。要养强群,关键是要有良种蜂王。好的蜂王产卵力高,1 昼夜可产 1 500～2 000 粒卵,而且它的后代抗病力强,采集力也强,这样的蜂王可以维持大群。因此,发现蜂王不好,就应及时淘汰更换。换王的办法有多种,其中有用自然王台(图 6-10)换掉劣王,用弱群作交尾群的;或把有自然王台的巢脾和 1 张有封盖子和蜜的巢脾提出组成 1 个小交尾群,等待处女蜂王出房交尾产卵后合并到需要换王的大群去。另外,还可采用人工的方法,即把有小幼虫的巢脾从一个角上用刀割下 1 块,露出房中的幼虫,促使蜜蜂将它们的房孔扩大喂给蜂王浆,把它们培育成蜂王(图 6-11)。养蜂者在割

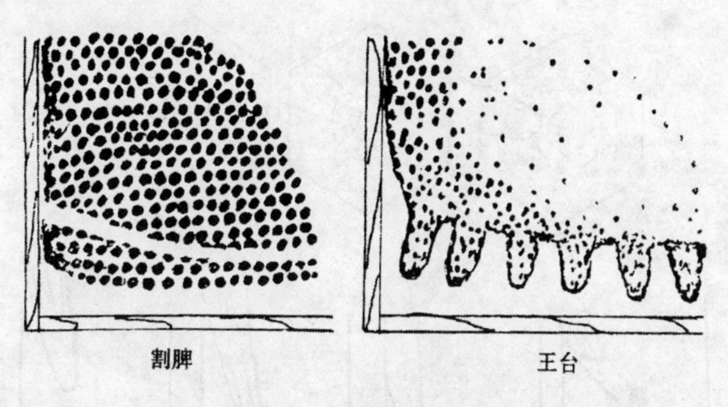

图 6-11　割脾育王示意

脾后的第三天将最先封盖的王台毁掉，保留还未封盖的王台。因为幼虫越大，虫龄越大，封盖越早，它在幼虫期吃的不完全是蜂王浆，培育出的处女王质量不好，而后封盖的在改造时它们还小，没有吃蜂粮，所以在幼虫期吃的全是蜂王浆，发育就比先封盖的好，这样的处女王其质量也会很好。割脾育王方法简单，但要毁坏巢脾，而且得到的王台量较少。为了能获得大量的优质蜂王，必须采用较为科学的人工移虫育王法。人工移虫必须配备蜡碗棒、移虫针等专用工具。蜡碗棒是木制的，用来蘸育王用的蜡碗。蜡碗是人造王台基。移虫针有 2 种：一种是金属的，另一种是弹力的。它们各有特点，金属的有些硬度，初学者容易掌握，但也因为它硬，很易伤害幼虫，因此移虫的接受率（成活率）较低。弹力移虫针的针头是牛角片或塑料片制成的，有一定的柔软度，不易碰伤虫体，相对接受率较高，只是初学者不易掌握（图 6-12）。人工移虫的方法如图 6-13 所示。

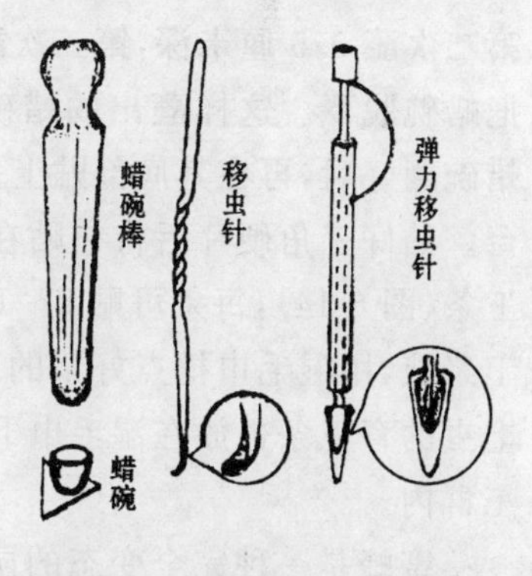

图 6-12　人工移虫育王工具

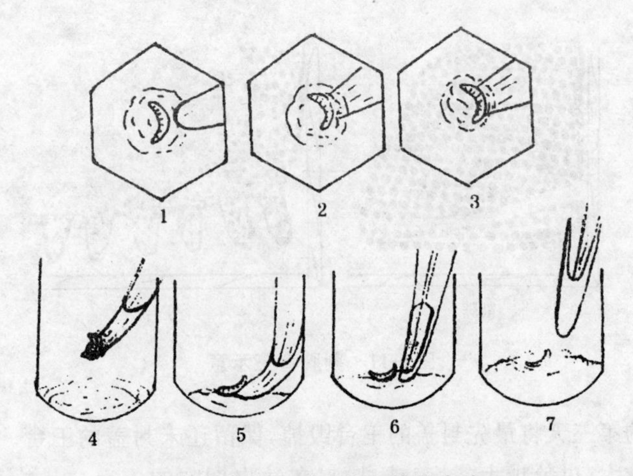

图 6-13　人工移虫育王操作方法

1. 移虫针头指向幼虫的后背　2. 针头从虫背后的王浆中插入　3. 针尖顺巢房底部滑向虫体的前方　4. 针头挑起幼虫和部分蜂王浆移到蜡碗中　5. 把幼虫轻轻地放在蜡碗的王浆液面上,注意千万不可把幼虫放在浆液中　6. 确认幼虫浮在浆面上后即将移虫针顺蜡碗底轻轻后移　7. 把移虫针抽出,移虫完毕

人工移虫育王除移虫之外,还需做许多准备工作。首先是蘸蜡碗。用蜡碗棒在熔化的蜂蜡液中连蘸 3 次,第一次蘸 1 厘米深,第二次蘸 0.5 厘米深,第三次蘸 0.7 厘米深;然后在冷水中浸一下把蜡碗脱下。这样蘸出的蜡碗底厚上边薄,便于蜜蜂将其加高。蜡碗蘸好后,再在其底部贴上一小片硬质三角片,以便于将来取王台。贴好三角硬片后将它贴在育王条上,每个育王框上有 3 条育王条(图 6-14),每条可贴 8～12 个蜡碗。在每个蜡碗中滴上 1 滴王浆液,用湿毛巾把点好浆的育王条盖上保持湿润(图 6-15)。移上虫的育王条也放在湿毛巾下,待 3 条移虫完毕,一起上框放入养王群内。

蜜蜂是一种完全变态的昆虫,个体发育都要经过卵、幼虫、蛹和成虫 4 个形态不同的发育期(图 6-16)。工蜂虽然也是受精卵发

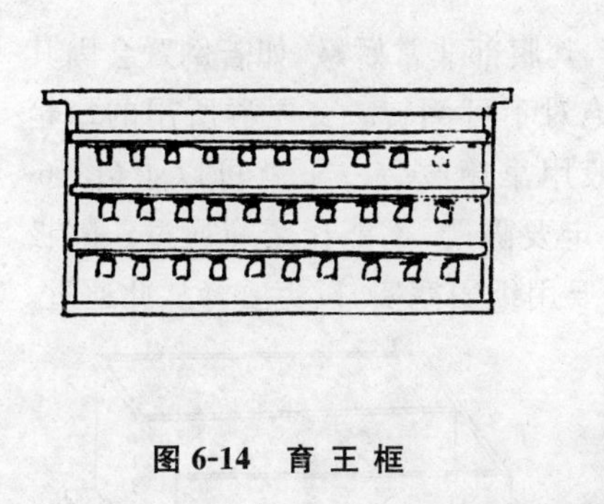
图 6-14　育 王 框

图 6-15　育王条保湿方法

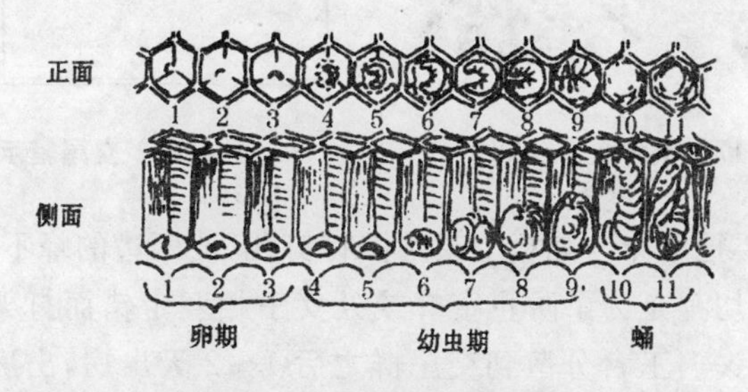

图 6-16　发育期变态示意

育成的，但由于在幼虫期的后 3 天吃的是蜂粮，所以它们的生殖系统退化了，因此在移虫育王时，应特别注意所移的虫龄越小越好。无论是中蜂还是意蜂，蜂王发育期都是 16 天，去掉卵期 3 天和小幼虫期 1 天，再有 12 天蜂王就应羽化出房了。为了确保处女王的安全，一定要在处女王出房前分散王台，否则先出房的处女王会将还未出房的姐妹杀死在摇篮中。另外，王台将被分散到交尾群中，而交尾群中的蜜蜂都是由大群中抽调来的，必须经过一段时间其原群蜂王的信息才会消失，蜜蜂才会感觉失王，此时它们才能较容易接受新王或王台。所以，交尾群一定要在移虫后第十一天的下午组成，第十二天的清晨将王台分散到位。在分散王台的过程中应特别注意保持王台头朝下，千万不可倒转（图 6-17）。因为蜂王从蛹期到羽化出房都是头朝下,其腹部非常娇嫩,如若倒置会因其腹部受伤而死亡。因此,王台绝对不可倒转。交尾群所用的蜂箱叫交尾箱,交尾箱有多种,一般用巢箱改装一下就可以了(图 6-18)。但应注意,中间的隔板一定要隔严,不能让蜜蜂通过。隔板上梁的两头与蜂箱框架之间也要用纸团塞实,以免蜜蜂从此通过。

图 6-17 保持王台头朝下

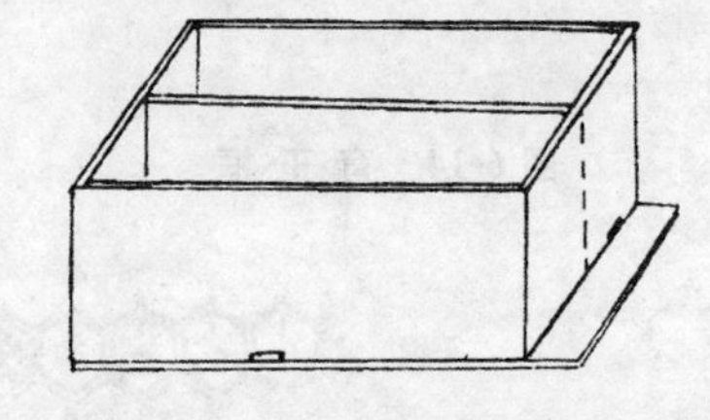

图 6-18 交尾箱示意

另外,还要把盖布与隔板上梁用图钉钉死,使两边的蜂不能互相串通。这一切都是为了防止蜜蜂或处女王相互走错而打架,造成不必要的损失。王台分散到交尾群之后 1～2 天出房,出房 3～4 天处女王就开始婚飞。在天气好、雄蜂多的流蜜期,一般处女王外出婚飞一次成功,如果情况不太好可能会飞出 2～3 次。判断处女王是否婚飞交尾成功,可在它回巢时在蜂巢门口观察其腹部后端是否夹带有白丝裙(雄蜂的生殖器),如果有白丝裙即是已交尾成功,就不要再开箱检查了;3 天后,开箱观察其肚子是否已变大;再过 3 天,就可以查看新王产卵的情况了。如果没有看到白丝裙,那么就要检查交尾群。但应注意,不要在处女王外出婚飞时或在处女王刚刚返回时马上就开箱检查,这样容易造成失王、围王。应在早晨或傍晚开箱检查,看新王的腹部是否变大,巢房内是否有规则的蜂卵(每个房中只有 1 粒卵)。总之,处女王出房后 10 天左右就会开始产卵,开箱检查发现已有规则的蜂卵即可宣告新的产卵蜂王已诞生。如果发现巢房中的蜂卵不规则,一房产多卵,这说明是处女王产卵,应立即将其淘汰。

有了新产卵蜂王就可以对蜂场内的蜂群进行全面检查，发现老、劣蜂王可以将其捉出，经过半天的时间，蜂群就会出现失王的骚乱现象。如果这时正处在大流蜜期间，就可以在傍晚太阳快落山时，把新产卵蜂王直接放在无王群的巢门口踏板上，并在其身上涂少许蜂蜜，让其自行爬入蜂箱。或者把它放在无王群的巢脾上梁上面，盖好箱盖让它自行爬入蜂群。这种直接诱入法对蜂王有一定的危险性，但在大流蜜期内新失王的无王群中的蜜蜂对新诱入的蜂王一般没有敌意，很容易接受它（图 6-19）。在其他时间是不能用直接诱入法诱王的。这种方法简单但较危险。比较安全的

图 6-19　大流蜜期新王直接诱入法

还是间接诱入法，如图 6-20 所示，先找到该淘汰的蜂王并将它捉出来。半天后用纸卷成直径 10～12 毫米、长 50 毫米左右的纸筒，扎上数个小针眼，放入新产卵蜂王，将纸筒两头的口封住，放在无王群的巢脾框梁上让蜂王自己咬破纸筒入箱。也可用安全诱入器将新产卵蜂王带几只幼蜂一起扣在有蜜有空房的巢脾上。经过1～2 天提出来检查，如果有很多蜜蜂围在诱入器上，甚至还在咬诱入器的铁纱，说明新王没有被接受，还需要延长扣王的时间；如果没有很多蜂围困诱入器，则说明新王被接受了。这时可以取出诱入器放出蜂王再观察一会，如果新王所到之处没有蜜蜂追逐、围攻，而是饲喂它，给它让路，头朝向它，用触角触摸它，说明这只新王已被接受。反之，新王一出诱入器就被追逐围困，甚至被团团围住，就应立即采

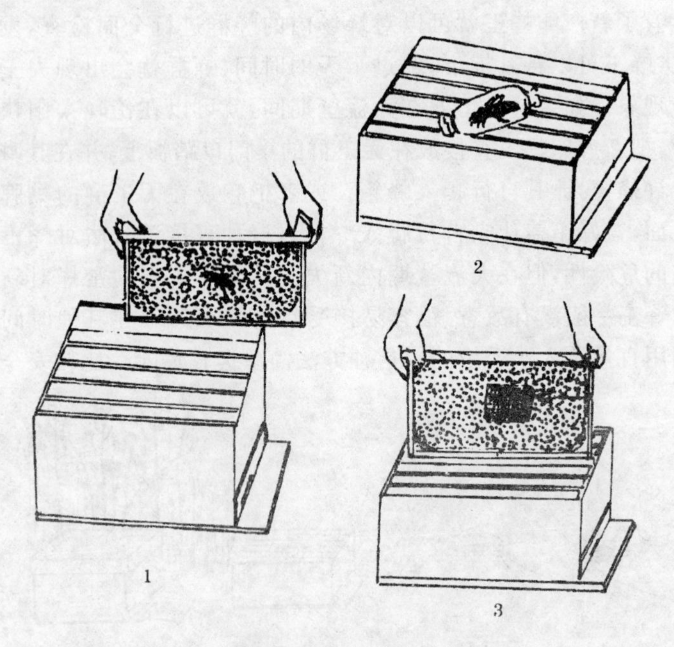

图 6-20 新王间接诱入法

1. 先将被淘汰的蜂王捉出来 2. 移入新王 3. 扣在有蜜、有空房的巢脾上

取措施解救,否则这只新王就有可能被围死。解救被围蜂王的办法通常是把蜂球丢在水中,蜜蜂散团后立即捉住蜂王;或者把蜂球丢在纱盖上,用喷烟器对蜂球喷烟,都可以驱散蜜蜂,救出被围的蜂王。蜂王被救出后可以采取适宜的方法重新诱入。

五、盗蜂的防止

当蜂群的日常管理工作做得不好,如蜂箱不严密有缝隙,或者在喂蜜时把蜜汁洒落在箱外,或者蜂场内巢脾、蜂蜜等保存方法不当气味外露,尤其是在缺少蜜源时,很容易引起盗蜂。蜂场内如果出现盗蜂，应立即采取防盗措施，否则后果不堪设想。一般盗蜂是强群盗防守能力差的弱群。一旦盗蜂攻入箱内，被盗群内的存蜜将被一抢而光，蜜蜂为保卫家园而战死，有时甚至连蜂王也被咬死。这群被盗光后，在它邻近的蜂群也将会遭殃（图 6-21）。因此，要采取缩小巢门、堵塞缝隙、修整蜂箱、保管好蜂蜜等预防措施（图 6-22）。尽量不做开箱检查，巢脾不可暴露在外。将被盗蜂群搬走，在原地放一空箱，其中放一有少量蜂蜜的巢脾，任盗蜂吃完散去。也可以在被盗蜂群周围喷洒有怪味的水把盗蜂驱散（图 6-23）。在闹盗蜂的初期，可用树枝、蒿草把被盗群的巢门遮挡起来，阻止盗蜂进入。也可以在被盗群的巢门口撒滑石粉，然后在蜂场内各箱查看，发现有带着滑石粉飞入的蜜蜂即是盗蜂，可将盗蜂群

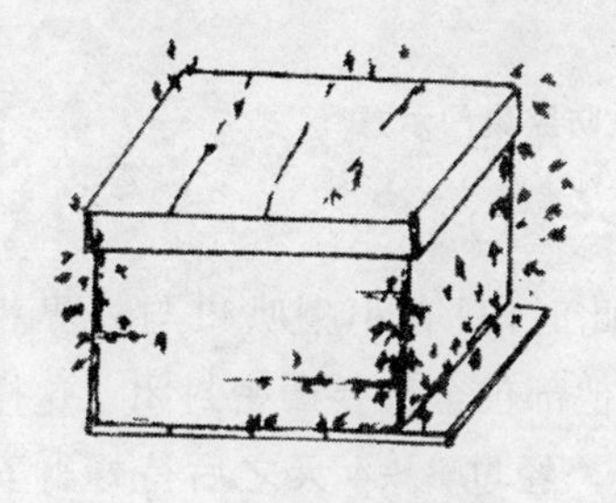

图 6-21　蜂群闹盗蜂

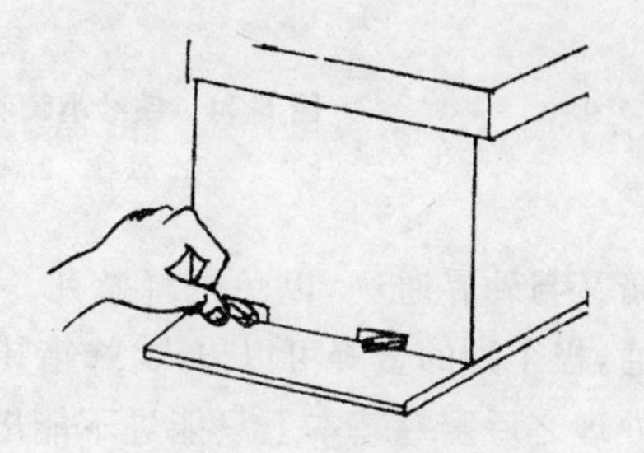

图 6-22　缩小巢门防盗蜂

和被盗群互换位置，或者把盗蜂群的巢门关闭后搬至离蜂场 3～4 千米的地方再打开巢门，或者在当日傍晚把盗蜂群的蜂王捉出暂存于其他群内。盗群失王后它们也就不再去盗了，经过一夜再将蜂王送回原群。一般经过这样处理后是能够制止盗蜂的。也可以

图 6-23　洒怪味水驱散盗蜂

用长 10 厘米、宽 5 厘米的铁纱卷成一个小喇叭(图 6-24),小口的大小只能够通过 1 只蜜蜂,将小口朝向蜂箱内,大口朝外固定在巢门处,将饲喂器灌入糖水放入蜂箱,然后迅速将纱盖盖严,把盖布盖在纱盖上面并将盖布掀起 1 个角后盖上大盖,使蜂群既保持黑

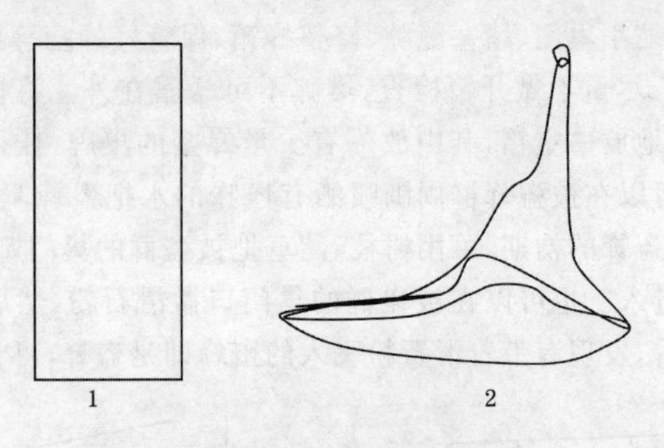

图 6-24　铁纱小喇叭防盗巢门示意

1. 铁纱　2. 铁纱喇叭

暗又与外界通气,以免把蜂憋死。此时,只有小喇叭口与外界相通,极个别的蜜蜂可以出入,蜂箱其他部位全部要严密封闭。这样处理之后蜜蜂基本上只能进不能出。经过 3～4 天之后待蜂群安静了再将小喇叭拿掉打开巢门,此时大部分盗蜂已经忘记了自己的原群而留了下来,个别的老蜂返回原群。被盗的弱群可能因祸得福而加强了群势。如果蜂场内大部分蜂群发生盗蜂,全场相互乱盗时,只有采取转移场地的办法才能解决问题。养蜂若想不发生盗蜂也不难,只要在日常管理中时刻注意杜绝可引起盗蜂的条件即可。

六、蜂群的迁移

蜜蜂有识别蜂巢的能力,它的最大飞行距离是方圆 7.5 千米。

在这个范围内搬移蜂箱，外勤蜂有部分还会飞回原处。因此，在短距离内移动蜂巢应采取适当的措施：如移动 10～20 米时，可采取逐步搬移的方法，向前后移动时 1 次移 1 米左右，向左右移动时 1 次移 0.5 米左右，而且要在天黑以后进行。如果搬移 4～5 千米时，可在原址放几个空蜂箱，箱内放 1～2 张空巢脾收集飞回来的蜜蜂，过 2～3 天将收集到的蜜蜂搬到新址合并。搬动蜂群无论多近，只要用车搬动就会有摇晃振动。为了确保蜂王的安全，应用小木卡子把巢脾卡死在箱内(图 6-25)。同时，应在天黑蜜蜂进巢后

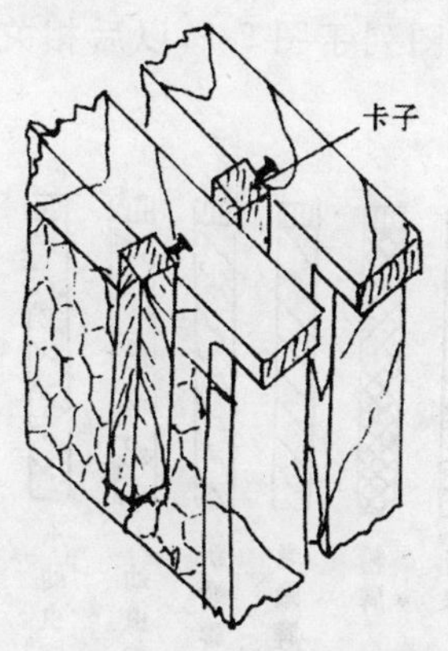

图 6-25　车运蜂箱时，用木卡子固定巢脾

关闭巢门再搬动。如果蜜蜂不入巢，可向它们喷洒些冷水驱赶其入巢。如果饲养中蜂，无论是定地饲养还是小转地饲养，选择场址时都一定要避开意蜂蜂场，两个场地的间距不得小于 15 千米，如果小于此距离中蜂将会被意蜂咬死。所以，千万要注意。

第七章 蜂群的四季管理

蜂群的四季管理,就是根据不同地区、不同季节的自然条件和蜂群的具体情况采取不同的措施,以保证蜂群能正常发展,保持强群,利于生产。

在不同时期蜂群内巢脾的排放有着不同的要求,为了叙述清楚,特将巢脾等示意图列于图 7-1,以后相关示意图不另做图解,请参考本图例理解。

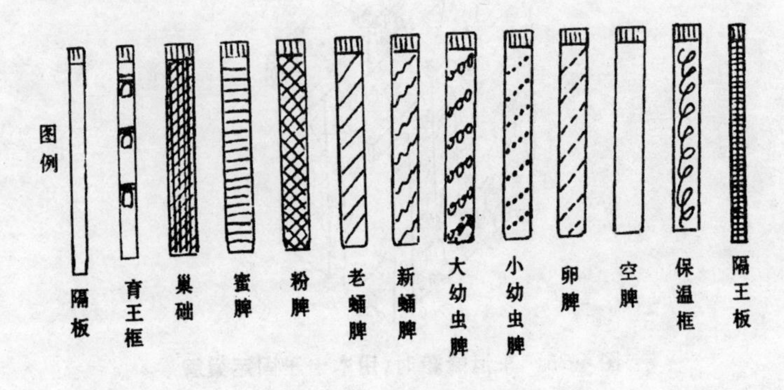

图 7-1 各种巢脾示意

一、蜂群的春季管理

春季是蜂群繁殖的最主要季节,此时蜂巢内、外温差很大,华北地区春节前后蜂王就开始产卵,但外界气温还很低。为了能够迅速将蜂群繁殖起来赶采最早的蜜源,应加强巢内保温,添加保温物(图 7-2)。保证巢内有充足的饲料,在框梁上饲喂花粉蜜饼,巢脾等放置如图 7-3 所示。蜂王最喜欢在幼蜂刚刚羽化出房的空房内产卵，所以应把正在出房的老蛹脾放在蜂巢的正中心，此时蜂巢的组成应是蜂框数(1 张巢脾两面都爬满蜜蜂约 2 000 只为 1 框蜂)多于脾数。例如，有 6 框蜂应放置 5 张脾。当外界有花开时气温已基本稳定，可以蜂脾相对称地摆放，即 1 张巢脾 1 框蜂地摆放，但仍要注意保持巢温。蜜蜂对于饲料是非常节省的，不轻易取食封盖蜜房内的存蜜。为了促进蜂王产卵和鼓励蜜蜂饲喂幼虫的积极性，可人为地将封盖蜜房的蜡盖划开，并添加带有 1/3 边角蜂蜜、余 2/3 空房的巢脾供蜂王产卵，扩大蜂王产卵面积。

图 7-2　加强巢内保温

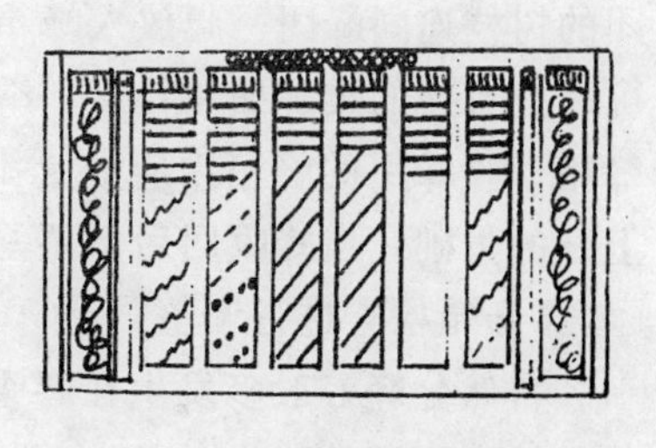

图 7-3　蜂巢框梁上放花粉蜜饼及巢脾放置

随着外界气温的逐渐升高，蜂群的繁殖速度也越来越快。如果在大流蜜期到来之前蜂群已发展到强群，巢内蜂数过多，蜂王又不是健壮的新王，它维持不了大群。加之管理跟不上，没能及时扩大蜂巢，增加巢脾，造成蜂巢的空间太小，蜂王无处产卵，蜜粉无处存放，使许多蜜蜂无活干，出现了窝工。这时，巢内就会出现许多自然王台，蜂群准备分家。当然，蜂群的分蜂性强弱也与蜜蜂的品种遗传性有很大的关系,应淘汰爱闹分蜂的品种,更换蜂王。但是,饲养管理也是非常重要的。在蜂群的管理上,应着重提高蜂王的产卵量,及时扩大蜂巢。进行全场调整,以强补弱,把弱群的卵脾调给强群,增加其工作量;把强群的老蛹脾调给弱群,以增加蜂数。刚出房的幼蜂食量较大,应给予补充饲喂。要经常仔细检查蜂巢的巢脾是否有自然王台。如果出现了,应立即处理;若蜂多,可以利用自然王台分蜂。否则,应把自然王台全部毁掉后酌情处理。

一旦分蜂开始,蜜蜂大量冲出蜂箱后会在附近的树上结团。待它们安静下来后,可根据结团的位置采取收蜂团的办法:低处可用面网、布袋等将蜂团套住,送入预先准备好的蜂箱中,也可把结团的树枝连同蜂团一起放入蜂箱,让蜜蜂自己上脾(图 7-4);高处可以把有蜜的巢脾捆在竹竿上举到蜂团边上让蜜蜂上脾后再送入蜂箱。收蜂用的蜂箱内应放置 1 张有蜜的巢脾和 2～3 张空脾或上好的巢础。当蜂收回后不要马上查看,待它们安静后正常出巢了,再开箱检查进行调整。

自然分蜂一般多发生在春季 3～4 月份和秋季 8～9 月份,即外界缺少蜜源的时候,所以在此期间应特别注意检查蜂群和加强

图 7-4 自然分蜂及收回

饲养管理。

春季是蜜蜂进行繁育的主要季节，因此巢内饲喂蜂的王浆腺发育特别好，产浆高，质量也好。所以，春季也是进行王浆生产的大好时期。

王浆生产主要有以下几个步骤。

首先，组织产浆群。如图 7-5 所示，把蜂王隔在巢箱内产卵，继箱内放置产浆框，可放 1 个，也可放 2 个，这要看产浆群的情况来定。

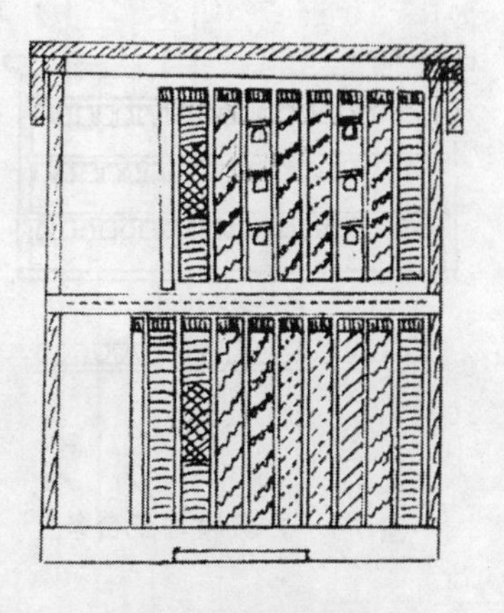
图 7-5　王浆生产示意

其次，选择适于移虫的虫脾和寻找自然王台采浆，然后如图 7-6 所示，把从自然王台中取出的蜂王浆加少许水稀释后点滴在蜡碗内，寻找 1 日龄的幼虫再移虫到蜡碗中的蜂王浆液面上。方法与育王相同，移虫的虫龄也相同，不同的

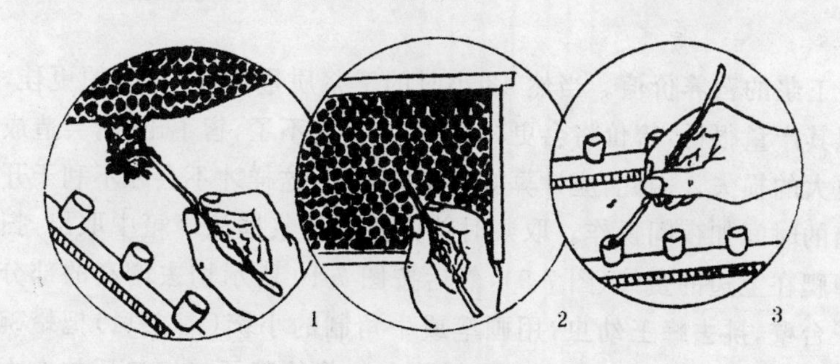

图 7-6　采集王浆

1. 寻找自然王台　2. 采集王浆　3. 移虫

是移虫的数量和产浆用的王台条。每条贴蜡碗20～25个,每框可装3～4条。移虫结束立即把产浆框送入产浆群中预先准备好的位置上(图7-7,图7-8),然后给予奖励饲喂以增加产浆量。56～60小时后就应取浆了,超过60小时王浆的质量就会下降很多,失

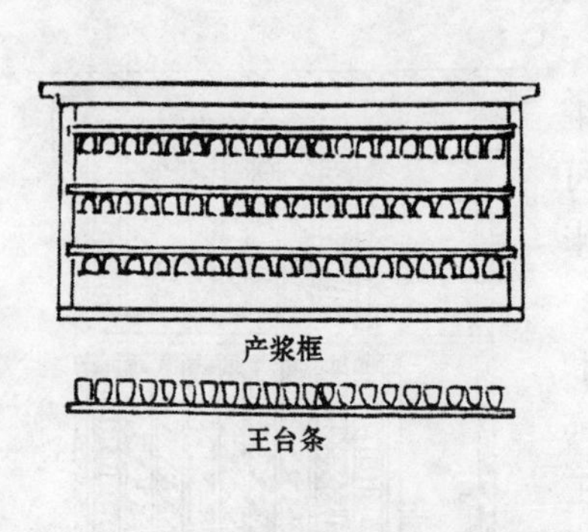

图7-7　产浆框与王台条

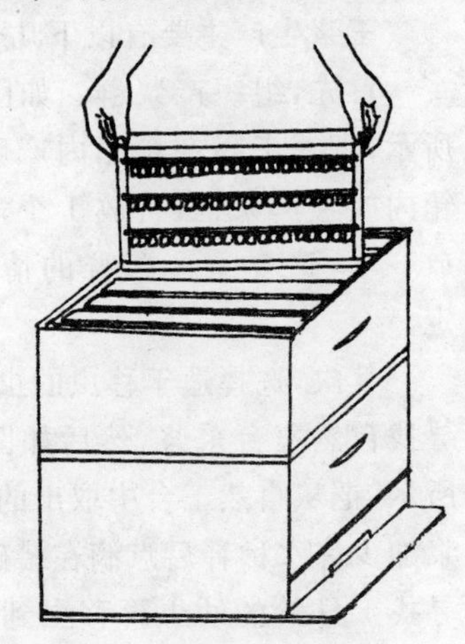

图7-8　采浆框装入继箱内适宜位置

去王浆的营养价值。当然48小时的王浆质量比60小时的更佳,但其产量很低,售价将会更高,消费者接受不了,售不出去,会造成更大的损失。因此,应计算好移虫的时间,这样才不会在不利于开箱的时间如夜间操作。取浆时首先要把产浆框从蜂箱中取出,扫掉爬在上边的蜜蜂(图7-9),然后按图7-10所示切去增高的部分王台壁,挑去蜂王幼虫,用画笔或牛角制的小铲(图7-11)把蜡碗中的王浆取出放在广口瓶中,把装有王浆的瓶子封好口后放在大塑料袋中扎紧袋口贮存,集中一定数量即可送出加工或销售。王浆的保鲜很重要,有条件的可直接放入冰柜,没有冰柜的可暂存在深水井、地窖或者贮存于蜜桶的蜂蜜中(图7-12)。

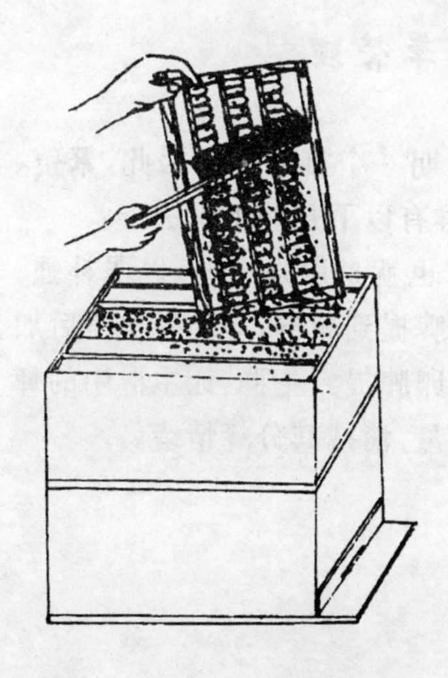

图 7-9　扫掉王浆框上的蜜蜂

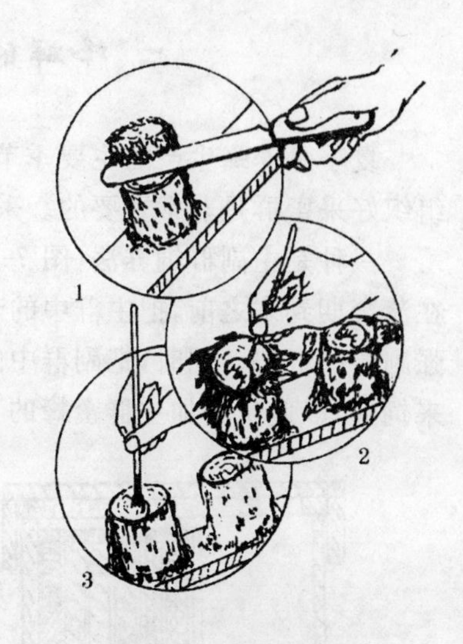

图 7-10　取浆操作

1. 切去增高的王台壁　2. 挑去蜂王幼虫　3. 把蜡碗中的王浆取出

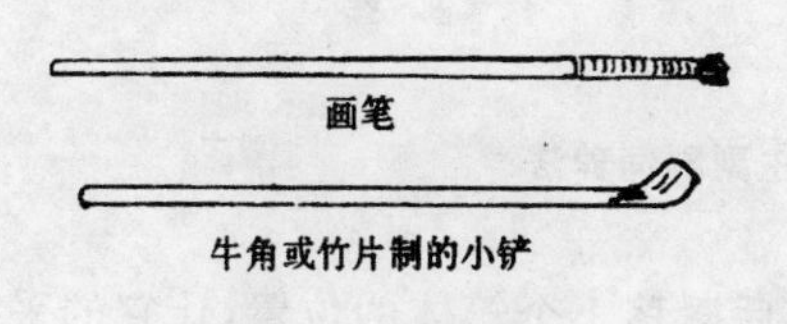

图 7-11　取浆工具

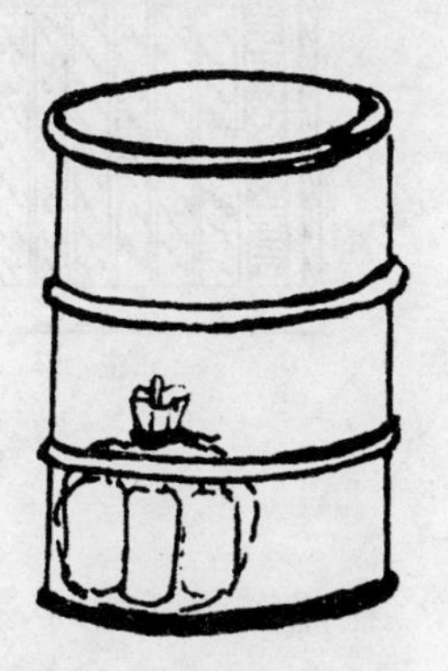

图 7-12　王浆贮存于蜂蜜中示意

二、蜂群的夏季管理

夏季是养蜂生产的主要季节,花期一个接一个。因此,繁殖、组织好采蜜群是非常重要的。采蜜群有以下几种组织法。

一种是主副群饲养法(图 7-13),也就是以强带弱,以弱补强。在流蜜期到来之前,把主群中的老蛹脾提到副群,等幼蜂出房后加强副群的群势。同时,把副群中的虫卵脾提到主群,让主群中的蜂来饲喂,以此来增加主群蜜蜂的工作量,消减其分蜂情绪。

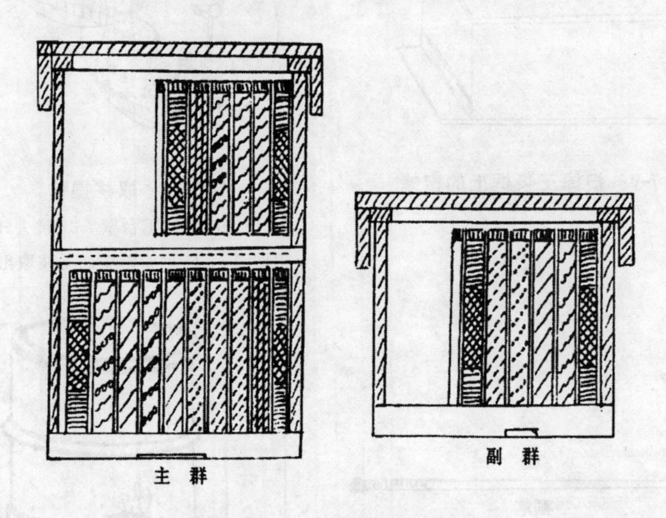

图 7-13 主副群饲养法

在流蜜期开始时,将副群向后搬移 1 个箱体的位置,让它的采集蜂飞入主群,以增加主群的采集力量。同时,把主群的虫卵脾提入副群饲喂,充分利用副群中的内勤蜂的饲喂能力,加强繁殖。

在流蜜期,将主群巢箱内的老蛹脾提到继箱中,在巢箱与继箱之间加上平面式隔王板把蜂王控制在巢箱内繁殖,把虫卵脾提给副群后加巢础给予补充，让蜂王在新脾上产卵。如果在大流蜜期到来之前主群的蜂量已达到 16 框蜂，可以加第二个继箱（图 7-14），给副群也加上继箱扩大蜂巢，消减分蜂情绪。在大流蜜期每隔 3～5 天取继箱蜜 1 次，同时对主、副群的巢脾进行调整。如果流蜜期时间长，蜂王强健，能维持大群，蜂量达 20 框以上，可以加第三个继箱。第三个继箱应加在第二个继箱和巢箱之间的隔王板之上，箱内可以加空脾也可以加巢础。但是，能否加第三个继箱，一定要根据蜂群的实际情况决定。

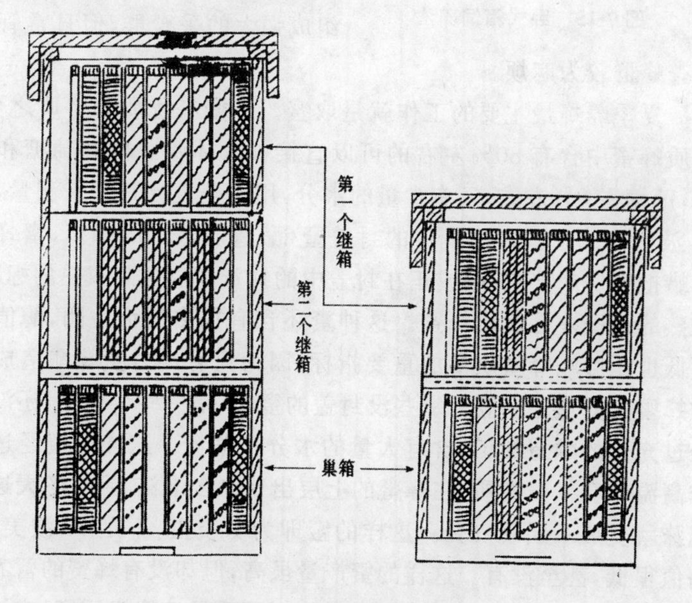

图 7-14　加继箱的方法

另一种是卧式箱饲养法，卧式箱有 12 框式、16 框式、20 框式和 24 框式。标准箱饲养是利用继箱向空中发展，而卧式箱是顺地势横向发展。在流蜜期到来之前把蜂王控制在蜂巢的中部，用正在出房的老蛹脾让蜂王产卵。适当加 1～2 张巢础造新脾扩大蜂巢。巢内的巢脾摆放方式如图 7-15 所示。在流蜜期到来之后把蜂王用框式隔王板隔在一边,加巢础造新脾产卵,产蜜区加空脾。采用大容量的蜂箱养蜂适合于定地饲养。采用主、副群饲养法,用卧式箱可以在同一箱内进行管理,较为方便。卧式箱也可以与继箱连用,向空中发展,组成强大的采蜜群,但日常管理检查蜂群较为麻烦。

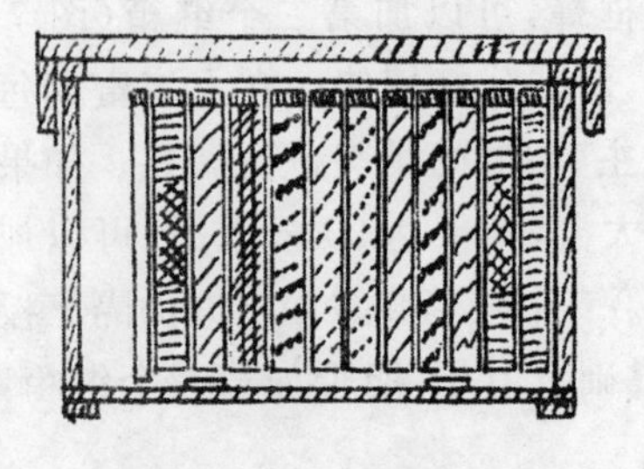

图 7-15 卧式箱饲养法

夏季养蜂最主要的工作就是取蜜。蜂蜜有优质和劣质之分。优质蜂蜜中含有 80%左右的可以直接被人体吸收的葡萄糖和果糖,蔗糖占 8%左右,还有少量的水分,用波美度比重计来测量,在 42 波美度以上。在蜂巢中的封盖蜜(酿造成熟了的蜂蜜,蜜蜂用蜂蜡把蜜房封严贮存)或正在封盖中的蜂蜜才能达到成熟的标准,成熟的蜂蜜才是优质蜂蜜。这种蜜还含有很多的活性酶,酶值的高低也是影响蜂蜜质量的重要指标,因为只有经过蜜蜂酿造成熟的蜂蜜其酶值才会高。那些没封盖的蜜,只是一些半成品,还没有经过充分的酿造加工,含有大量的水分和蔗糖。这样的蜜经过夏季高温期会发酵变质,在蜂蜜的上层出现许多泡沫,到了冬天这些泡沫就变成一层硬皮壳。这样的蜜即为劣质蜜,不足 38 波美度,酶值很低,甚至没有。这样的蜜产量虽高,但却没有蜂蜜的营养价值。因此,养蜂人不应该只顾产量而不顾质量地取劣质蜜,应该取已酿造成熟的封盖蜜。

那么,应该怎样取封盖蜜呢?取蜜的时间间隔与不同的植物花蜜的浓度有关,因此在不同的花期有不同的要求。一般蜜蜂3~5 天就能将花蜜酿造为成熟的蜂蜜,封上蜡盖贮存起来。所以,一般在大流蜜期中取蜜,间隔 4 天左右即已基本达到要求,当然能间隔 5 天,其蜜的质量会更好。取蜜的具体操作如图 7-16 至图 7-18 所示,大体可分为以下 4 个步骤:检查蜂群寻找蜂王;把有王的巢脾提出放在蜂箱的边上;然后逐张巢脾按图 7-17 的方法把蜂抖

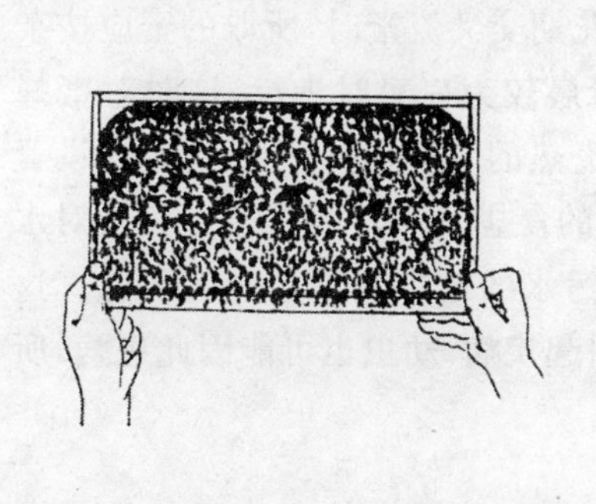

图 7-16 寻找蜂王

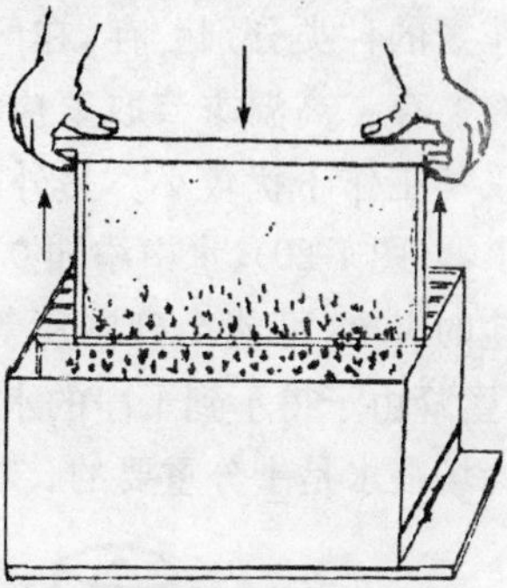

图 7-17 抖 蜂

掉,即用 4 个手指用力向上把脾提起,同时用拇指和手掌用力向下磕,把脾上的蜜蜂振落在箱里,再用蜂帚扫净没振落的蜜蜂,按图 7-18 的方法,用割蜜刀把封盖蜡割掉,放进摇蜜机中,如图 7-19 把蜂蜜甩出来。摇蜜时用力不可太猛,用力太大会把蜜脾甩裂,有幼

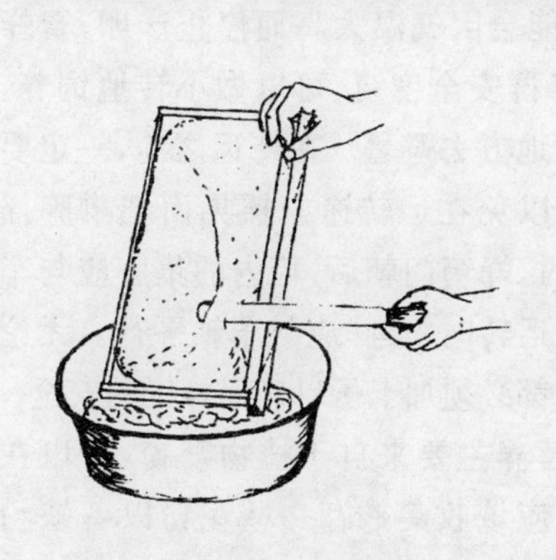

图 7-18 割掉蜜房蜡盖

图 7-19 摇 蜜

虫的巢脾取蜜时更应小心用力,否则幼虫就被甩出来了。就这样,还有可能会有少量的幼虫、蜜蜂、蜡渣等杂物混入蜂蜜中,必须用粗纱过滤器将杂质滤掉,以保证蜂蜜的洁净。应注意把蜂蜜按植物花蜜的种类分别贮存,在两个花期交叉流蜜时,所取的蜜应按杂花蜜贮存。高温季节取蜜应在清晨较为凉爽时进行,这时对蜜蜂的采集工作干扰较小。另外,在炎热的夏季,蜂场内每天都应设置喂水器(图 7-20),水中添加 0.1%的食盐。否则,蜜蜂为了解决对水和盐的需要,可能会到厕所等有污水的地方去采水和无机盐。这样,蜜蜂由于得不到干净的水会引起疾病,幼虫也可能因此患病,所以蜂场喂水是十分重要的。

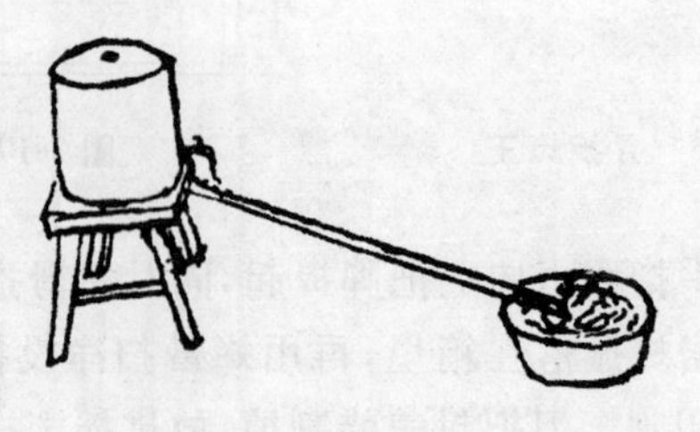

图 7-20 喂 水 器

在南方地区的夏季,蜂王可能会因气温太高而停止产卵,蜜蜂也会出现怠工现象。为了保证蜂群安全度夏,可以做小转地饲养,到高山或海边有辅助蜜源植物的地方去避暑。在转运之前,一定要把蜂箱及巢脾用小木卡子卡紧,以免在运转途中摇晃而把巢脾摇坏,把蜂王挤死。蜂箱装入火车时,蜂箱门朝后,箱内的巢脾应与车轴垂直并与车厢平行;汽车、船只运转时,巢脾应与车轴平行。无论转地路途远近,只要用车船转运,都必须加卡子以确保蜂王的安全。

蜜蜂生长和发育所需要的营养主要来自于植物蜜粉,所以在夏、秋季植物开花、粉源充足时,应该收集贮存一些花粉以备缺粉时作为补助饲料,促进蜂群的繁殖。收集花粉可使用巢门脱粉器(图 7-21)。当采集蜂飞回进巢门时必须通过巢门脱粉器,大腿上携带的花粉团就被刮下来落入收粉盒内。把收粉盒拉出来将其中的花粉团倒出，即为蜂花粉，把它们风干或置于低温冰箱中保存备用。另外，也可以用贮存花粉脾的办法来贮备花粉，但是花粉脾的存放方法比较麻烦，稍有不妥就会生巢虫，连巢脾一起被毁坏，或生霉菌致使花粉变质，不能喂蜂，所以一般是采用脱粉器来收集花粉。

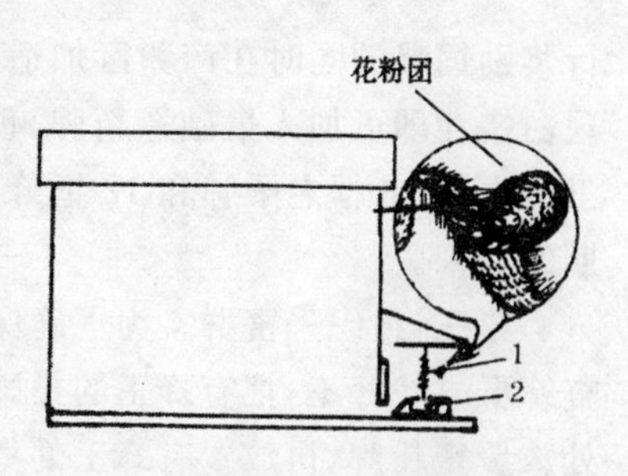

图 7-21　巢门脱粉器

1. 脱粉框　2. 收粉盒

蜂蜜高产可分为以下 3 个步骤。

第一，采蜜群前期的准备。越冬前应选择具有能维持强群的良种新王群（1 年龄）为主群，2 年龄以上的老劣王群为辅助群，在越冬包装前将辅助群中的老子脾连同脾上的蜜蜂一起合并到主群中，组成强群越冬，然后将辅助群组成双王群越冬，一定要保证越冬饲料质优充足，但是要注意蜂群的越冬包装，强群不必做内包装，双王群必须加强保温，这样翌年早春才能快速顺利地度过新老蜂的更替阶段，达到蜂群快速发展的目的。

第二，培育适龄的采集蜂。大流蜜期就是主要蜜源植物开花泌蜜的时期，也是养蜂生产最繁忙的季节和决定蜂农收入多少的关键时期。

在养蜂人中流传着这样一句话："会养蜂的蜂产蜜，不会养蜂的蜂吃蜜"。要想获得蜂蜜高产必须有适龄的采集蜂组成强大的采蜜群，所以想得到高产就要了解蜜蜂的生物学特性。

在第二章中已介绍了蜜蜂（工蜂）从卵发育到成蜂需要 21 天，从羽化出房至可承担采集等外勤工作又需 16 天，所以必须提前 1 个多月在大流蜜期到来之前每天傍晚按 2∶1 的比例用牛奶混合蜂蜜向采蜜群蜂路中的蜂体上浇洒，每群大约浇 50 毫升即可，进行奖励饲喂的同时在产卵区加适合产卵的空脾,如箱内巢框上出现白蜡茬即可加入巢础造新脾,创造条件促进蜂王多产卵。当单王群内有 10 框老子脾和 12 框蜂时,可加第一个继箱迎接大流蜜期的到来。

第三,组织采蜜群。为了确保蜂蜜与繁蜂获得双丰收,首先检查蜂群寻找蜂王,把有蜂王的巢脾提出放在巢箱的东侧,在靠箱壁处放置蜜粉脾,再放置有蜂王的巢脾和老子脾及适宜产卵的空脾,在巢箱的另一侧用同样的方式放置另一只产卵蜂王组成双王采蜜群。此时群势发展很快,为了防止发生分蜂热,把蜂王用平面隔王板控制在适于产卵的巢箱内,这样既可以充分发挥蜂王的产卵能力,又可使养蜂人在取蜜时不用多花费时间寻找蜂王及虫卵,可直接将有半数蜜房已封盖或正在封盖的大蜜脾提出取蜜。

也可以把正在出房的老子脾补给有新产卵王的交尾群,或者用老子脾补给双王群使它们快速发展起来参加后期的采蜜。

当采蜜群的群势发展到 16 框以上,子脾达 12 框左右,其中老子脾 8 框以上时,加第二个继箱为产蜜区,其中放置待取的大蜜脾、封盖子脾和空脾。

第一个继箱仍为产浆育儿区,巢箱内仍为蜂王产卵区。此时,已进入盛花期,蜜蜂采集酿蜜工作到了最紧张繁忙的阶段,蜂王的产卵量已达高峰,因此蜂王的身体损耗很大,蜜蜂也因繁忙的采集、酿造、产浆、育儿等辛劳过度,导致其寿命也只有 30～50 天。为了减少蜜蜂育儿的负担和减少蜂王的产卵量,可采取措施控制蜂王产卵,将老子脾和空脾提到第二继箱的产蜜区内,在虫卵脾之间加 1 张巢础造新脾供蜂王产卵,这样使蜂王既可维持蜂群的正常活动并保持强大的采蜜群势,又可以让其处于健壮不易衰老的半休养状态。

为了方便采集蜂的出入,减少往返蜂巢的时间,可将巢门开在巢箱非产卵区一侧(双王群可在巢门板上两边各开一个巢门)及在第一继箱下缘的中部开一个可调节大小的巢门。

三、蜂群的秋季管理

初秋时节是蜂群准备过冬的时候,蜂群过冬既要有充足的蜂蜜,又要有大量适龄的越冬蜂。前面讲过,蜜蜂的寿命最长只有6个月。因此,蜂群中进入冬眠的蜜蜂,应该是青年蜂和幼年蜂。所以,在进入初秋时应该加紧繁殖越冬蜂。在繁殖越冬蜂之前,必须彻底治螨才能培育出健壮、年轻的越冬蜂(治螨方法见蜂螨防治部分相关内容)在8月15日至10月6日这段时期是繁殖越冬蜂的关键时期。蜜蜂的发育期从卵到羽化出房共需21天,则10月6日产的卵到10月27日出房,正好冬季开始;如果在10月6日之后产的卵,出房时有可能外界气温已很低了,它们刚羽化出来,是经受不了低温的,因此一定要抓紧这段时间加强管理,进行奖励饲喂。从8月15日开始把箱内子脾上的蜜全部摇出,腾出空房让蜂王产卵。同时,采用主副群饲养法进行管理(图7-22)。更换主群的老王,组成小群,让老王产卵作副群使用,充分利用蜂王大量产

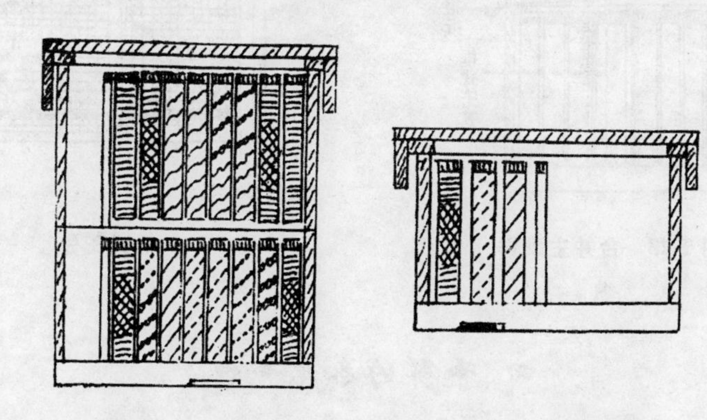

图7-22 秋季(8月15日至10月6日)主副群管理

卵。10 月 7 日开始,进行全场大检查,淘汰老、劣王,合并主、副群,把副群用报纸包裹上合到主群的继箱中(图 7-23)。同时,把主群的蜂王连同 1 张有蜜的空巢脾带蜂装入框式王笼中,放在主群巢箱的中间部位(图 7-24),强行使蜂王停止产卵。1 个月之后,也就是 11 月初把蜂王放出来,恢复蜂群的正常生活。主、副群合并后 2～3 天开箱检查,去掉被咬破的报纸,对巢脾进行调整,提出多余的空脾,经过调整之后即可饲喂越冬饲料。在华北地区 10 月 10 日前必须喂足,超过这个时期将无法再喂。越冬饲料应以封盖蜜脾为主,不足部分一定要用纯净的白糖加水(1∶0.3)补足。越冬饲料按越冬期长短来定:长江以北地区 1 框蜂留 1 张整蜜脾(2～3 千克),东北、西北地区每框蜂留 1.5 张整蜜脾。不能用带有铁锈的蜂蜜、红糖、土糖、饴糖、甘露蜜等作为越冬饲料喂蜂。有了充足优质的越冬饲料蜂群即可安全越冬,蜜蜂也不会患下痢病。

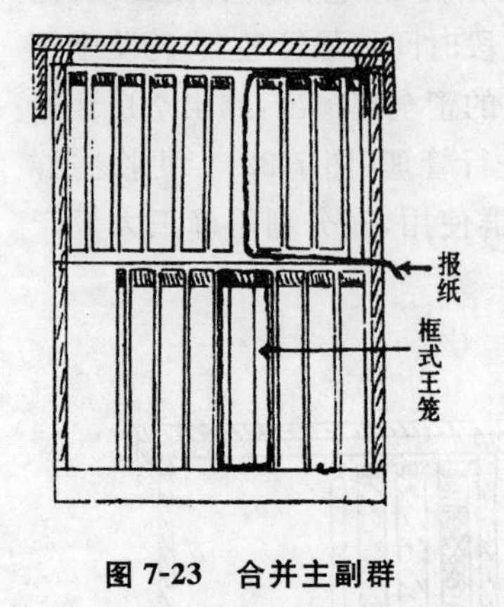

图 7-23　合并主副群

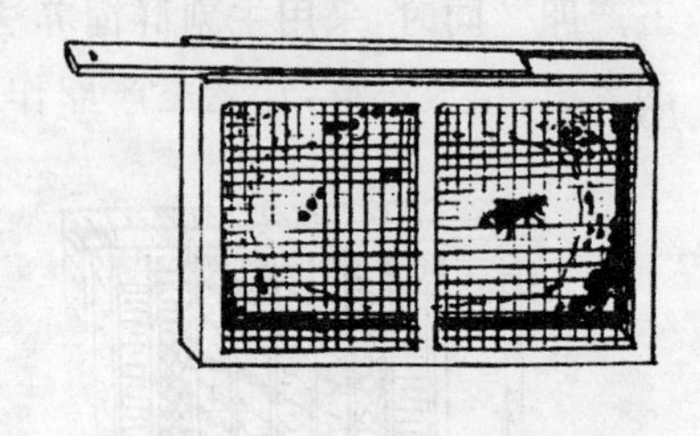

图 7-24　框式王笼

四、蜂群的冬季管理

10 月下旬,我国长江以北地区天气逐渐变冷,蜂场的工作转入越冬管理阶段。主要工作有以下几方面。

(一)蜂群内的巢脾调整

蜜蜂框数应略多于巢脾数,未出房的封盖子脾放置在蜂巢的中部,以便在11月初最后检查调整时提出,整蜜脾放置在蜂巢最外边的两侧。对称依次排放:大蜜脾、半蜜脾、蜜粉脾,蜜粉脾放在中间。蜂群内的巢脾总数与蜜蜂框数基本相称,多余的巢脾全部提出待处理。

(二)加入保温框

11月上旬蜂箱内应加入保温框,撤下纱盖,将盖布直接盖在巢脾的上梁上面,保温垫盖在盖布上。将蜂箱的大盖盖好,缩小巢门,待编组包装。

(三)修整摆放越冬蜂的场地

11月上中旬蜜蜂基本不再外出,根据蜂场的条件及蜂群数量的多少,对全场蜂群进行编组集中排放。在背风、向阳、干燥的地方整修出摆放越冬蜂的场地,并铺上保温物(干草、树叶等)。在摆放蜂群时为了保证蜜蜂和蜂王的安全,应避免震动和挤压,一定要轻拿轻放,保持平稳。摆放时,把较弱的蜂群放在中间,强群放在两侧(在冬末春初气温回暖时蜜蜂会飞出箱外排泄,当它们归巢时极易发生偏巢现象,而且往往是向中间偏集)。

(四)越冬蜂群蜂箱外包装

11月下旬北方地区已进入寒冷的冬季,此时黄河以北地区的蜂场就应该为蜂群进行越冬外包装了。首先分别在各排蜂箱的左右两侧及背后距蜂箱20厘米处打下木桩。左右两侧与蜂箱平行各钉2根木桩,背后的木桩相互距离50厘米,露在地面上的木桩应高于蜂箱。然后把事先准备好的草苫盖在蜂箱上并用石头等重物将草苫压实以免被风吹跑。待到12月初,白天气温已降至0℃以下时再做深度外包装。用事先准备好的保温物将草苫与蜂箱之间、蜂箱与蜂箱之间的空隙填塞起来,然后将草苫重新盖好。最好在草苫上面苫上可防雨雪浸湿保温物的塑料膜等,以确保越冬蜂群安全过冬(图7-25)。

图7-25　越冬蜂群巢脾的外包装

(五)做好越冬蜂群的日常管理工作

在严冬季节蜂场的工作不多,但不可忽视。一是观察蜂箱的巢门是否正常。雪后巢门是否被大雪封堵,越冬后期巢门是否被蜂箱内的死蜂堵上,一般相隔10天左右就要用小木棍或铁钩将死蜂掏出来以保证蜂团有适当的空气。二是用一条能从巢门插进去的胶管仔细监听蜂箱内的声音是否正常,蜜蜂为了保证蜂团内的温度,吃饱蜂蜜后会摩擦身体产热而发出沙沙的声音,这是正常的。如发现异常应想办法及时处理。另外,注意防止老鼠钻入蜂箱危害蜂群。

(六)巢脾的保存与处理

首先将巢脾分类,将老劣巢脾淘汰处理。把它们从巢框上拆下来集中放入大锅中,再加入部分水加热将其熔化,蜂蜡比水轻,待其冷却后会凝结成坨浮在水上，将其取出用起刮刀把蜡坨下面的杂质铲除，此物即是纯净的蜂蜡，可长期贮存。

作为备用的巢脾要妥善保存，蜜粉脾与空脾要分开存放以便于取用。取清理干净的空继箱，每个继箱中均匀放置 7 张巢脾。取清理干净、修理好的蜂箱盖扣放在无人居住、低温干燥、较为严密的房间地面上，然后将已分别放好巢脾的继箱按巢脾的不同类型 5 个继箱为一垛摞在已放置好的蜂箱盖上。用纸条把各处的缝隙糊严，在每垛最上层巢脾的框梁上叠放几张吸水性强的草纸，用冰醋酸 100～150 毫升，或甲酸 50～100 毫升洒在草纸上，最后用一张大纸把继箱口封糊严密，盖上塑料膜，再压上纱盖，不可使药的气味外露。注意：以上 3 种药均有杀虫、灭菌、消毒的功效，可任选其中一种按量使用，不是 3 种药一起混用。由于这 3 种药剂都有强烈的刺激性并对皮肤有腐蚀性，所以用药时一定要注意安全，操作时要戴上眼镜、口罩和乳胶手套，以防万一（图 7-26）。这样保存 1 个冬天，春天需要加脾时可开封取出巢脾，放在通风处晾一会儿让药味散去再加入蜂群。否则，蜜蜂不易接受，蜂王也不爱在这样的巢房内产卵。

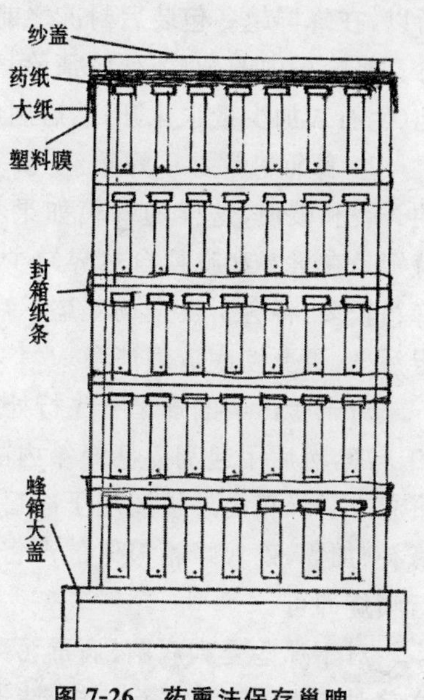

图 7-26　药熏法保存巢脾

无论是在南方地区还是北方地区，凡是冬季蜂王停止产卵的，一般在春节前后都会开始产卵，随着气温的升高，产卵量也日渐增多。

过了冬的老蜂会逐渐死去,群内新蜂日渐增多,蜂群新的一年就这样开始了。

(七)蜂场、蜂箱、蜂具的消毒

蜂场是蜜蜂的家园,为了翌年能取得更好的收益,必须为蜜蜂创造一个优美、安全和舒适的生活条件,因此必须对蜂场及蜂箱、蜂具等进行彻底的清理、修整和消毒。

1. 蜂场的消毒 生产繁忙的季节也正是蜜蜂遭受病、虫害严重危害的时期。蜜蜂生性喜欢干净,当自己感觉病重或年老体衰生命即将结束时,就会尽力爬出蜂巢;因病死在巢房中的幼虫,会被抬出蜂巢门外丢弃在蜂场蜂箱的周边;患孢子虫等肠道疾病的蜜蜂无力远飞,结果蜂箱内外蜂场各处都被它们的粪便所污染。所以,在蜂群越冬包装后封冻之前,必须对蜂场进行彻底清理和消毒。将蜂场内的杂草、死蜂清除填埋,用石灰水粉刷墙壁、消毒场地(生石灰加少量水化开,然后制成10%～20%的石灰水)。

2. 蜂箱的消毒 蜂箱经过一年的风吹日晒会出现不同程度的开裂和破损,这样的蜂箱如果不加修补就使用极易引起盗蜂。特别是在早春和晚秋自然界缺少蜜粉源时,如果蜂场内这样的破蜂箱较多,将会引发全场互盗。病蜂用过的蜂箱,均已被病菌、病毒污染,更要彻底清理消毒。

对未受污染的蜂箱要先行处理。首先把蜂箱外面的泥土等清扫干净,然后用起刮刀把蜂箱内的蜂胶、蜂蜡分别刮下,并分别收集起来。蜂箱内外被清理干净后认真察看箱体,对破裂处要仔细修补、加固,确保蜂箱箱体的严密,然后用煤油喷灯对蜂箱里边进行喷烧即可。

对于那些受到病菌、病毒污染的蜂箱必须彻底消毒。在消毒之前对蜂箱等也要先行清扫、清理和修补,然后在蜂场内的空地上架起大锅加入水和氢氧化钠配成1%～2%的溶液,用氢氧化钠溶液刷洗消毒蜂箱，再用清水冲洗过后放在通风向阳的地方晾干即可。蜂箱的副件如蜂箱盖、纱盖、盖布、隔王板、隔离板、隔板和清理时所用的工具如起刮刀等也要用上述方法进行消毒处理。经过如此清理消毒之后病原已基本被清除。

强调以下两点：①如果蜂场发现病蜂，应及时对被污染的蜂箱等物品进行消毒处理，不要等到年末集中处理；②被污染的巢脾绝不可重复使用，必须拆掉化蜡，其巢框用氢氧化钠溶液消毒处理后方可再用，以免蜂病蔓延传播。

3. 蜂具的消毒　蜂具也是蜂病传染的主要媒介物，如果养蜂人不注意这一点，蜂场患病的根源就不会除掉。所以，蜂具的消毒是非常重要的。对于蜂具，生产季节注意其清洁卫生，年终要彻底消毒。养蜂人具有良好的卫生习惯，蜜蜂也会少患病，蜂产品的质量也会有保证。

蜂具的消毒灭菌方法有两种，一种是常规处理，另一种是特殊处理，具体做法如下。

(1)常规处理　每次检查蜂群或产浆、取蜜等生产活动之后，对所用过的器具进行清洗晾晒，保持这些工具的洁净。

(2)特殊处理　当蜂场中发生蜂病时，在检查处理病蜂之后，对所有使用过的器具和工作服等都应及时做消毒处理。常用的消毒方法是煮沸法和酒精擦洗法。对耐高温的工作服和器具，只要把它们放入锅中煮 20 分钟即可。对不耐高温的小型蜂具，可用 70%医用酒精浸泡或擦洗。方法虽简单，但必须做好，否则将会促进蜂病在场内扩散，造成不必要的经济损失。

第八章 中蜂新法饲养技术

中蜂是我国土生土长的优良蜂种,数量多、分布广,而且广大农村历来就有饲养中蜂的习惯。目前南方各地均已推广中蜂的新法饲养管理技术,实践证明,采用新法饲养技术能大大提高中蜂的蜂产品产量和质量。但是,有些地区仍然沿用土法饲养,即将中蜂养在蜂桶中,仍用驱蜂、割脾、取蜜(杀鸡取蛋)的老办法,不但限制了蜂群的发展,而且严重影响产量。因此,必须尽快推广中蜂的新法饲养技术,用科学管理来提高中蜂蜂产品的产量和质量,尽快推广山区农户的家庭养蜂,使农民能因此而得到更好的经济收益。同时,可以迅速扩展中蜂在山林中的覆盖范围,为保持山林的生态平衡充分发挥其作用。

一、中蜂的主要生物学特性

(一)嗅觉灵敏,飞行迅速,行动敏捷,能充分利用零星蜜源

中蜂嗅觉灵敏,善于发现和采集零星蜜源。出工早、收工晚,甚至在外界蜜源条件较差的情况下也能做到饲料自给有余。中蜂个体小,而翅膀相对较长,即使在细雨蒙蒙的阴雨天也能外出采集,山区的地形、地貌决定了多变的小气候,因此也就形成了种类繁多的植物,由于中蜂经过长期的自然选择适应了山林中的一切,养成了只要外界有花开中蜂就会前往采蜜授粉,能充分利用零星蜜源,所以中蜂很适宜在蜜源分散的山区饲养。

(二)抗寒耐热,适应性强

中蜂的分布很广,从炎热的海南岛到寒冷的黑龙江省,都有中蜂在活动。当外界气温达到6℃～7℃时,中蜂就能很好地采集利用南方地区的冬季蜜源,如柃、鸭脚木、油菜、柠檬桉、柑橘等,在我国各地浩瀚的山林与沟峪中生长着种类繁多而茂盛的植被,由于我国地理和气候的多样性也使中蜂形成了适应各种不同环境的多样性,华中、华南、云贵高原、华北和东北等地区的中蜂从其个体大小、体色及生活习性等都各有特色,但它们祖祖辈辈均是不辞辛苦穿梭在姹紫嫣红的花丛中拜访每朵鲜花的媒人,这个职责只有适应性很强的中蜂才能很好地完成,而西方蜂种是难以胜任的。

(三)易分蜂、飞逃、闹盗

中蜂长期处于野生或半野生状态,生活在树洞、岩缝或蜂桶中,受外界环境影响很大,又受空间大小的限制,中蜂的蜂王相对西方蜂种的蜂王个体又小,所以蜂群不可能发展成像西方蜂种那样强大的群体。

在长期的自然选择下,中蜂形成了自己特有的生活习性。为了维持正常的生活,蜂群的群势发展过快蜂巢容纳不下时,只能用分蜂的办法来解决。当蜂巢附近环境或空气受到不可抗拒的破坏或严重污染时,中蜂也只能选择飞逃另选新巢。当外界蜜源缺少时,中蜂凭借自身灵敏的嗅觉四处寻找蜜、糖,一旦发现其气味即使这气味是来自蜂巢不严密的其他蜂群,它也会不顾一切地立即前往采集,实际上就是到邻居家抢夺粮食,从而引发争夺战甚至造成全场混战,其后果不堪设想。嗅觉灵敏是中蜂的优点,因此养蜂人应时刻注意,在外界没有或缺少蜜源时绝对不能把蜜汁、糖水、蜜粉脾等暴露在外,以免引起盗蜂,造成不必要的损失。

由于中蜂到目前还处于半野生状态,仍保留着野生习性,比西方蜂性情暴躁,无论什么生物,只要影响了它的正常生活即会群起而攻之,直到将对方蜇死。所以,新法饲养技术即是对中蜂进行驯养的技术。在检查蜂群时一定要注意轻拿轻放,尽量少惊动蜜蜂,千万不能压死蜜蜂,且蜜蜂特别讨厌人和其他哺乳动物发出的汗味以及红颜色。只要在蜂场避免让蜜蜂讨厌,即会少挨蜇、少死蜂,养蜂人应该用爱蜂如子的精神来保护蜜蜂。

(四)泌蜡造脾能力很强

由于中蜂不采集树胶,因此蜂巢难免有缝隙,又不能发展成强群,蜂体较小,守卫能力就较差,为了生存中蜂只能分蜂或飞逃,当有了新的落脚地方蜜蜂们会即刻造新巢脾建立新家,这就使得中蜂的泌蜡造脾能力非常强。如果它们的蜂巢所处的环境相对安全,但空间较小,它们会咬掉老旧巢脾建造新脾,而且还会将可用的蜡屑收集起来放在巢房口或框梁上备用。

(五)抗蜂螨性强,抗中蜂囊状幼虫病能力很差,抗胡蜂、巢虫等虫害的能力也很弱

中蜂具有较强的抗螨性,20 世纪 60 年代初,我国西方蜜蜂因受蜂螨危害蒙受了巨大的损失,许多蜂场因此而覆没,而中蜂却安然无恙。

实验证明,中蜂对大、小蜂螨都有较强的清除能力,人工给中蜂接种蜂螨很快就被中蜂清除,从而使蜂螨无法在中蜂群中生存。

然而中蜂对中蜂囊状幼虫病(中囊病)抵抗力较差,20 世纪 70 年代初该病曾一度使中蜂濒临灭绝,损失惨重。

由于中蜂主要生活在山区,山里的胡蜂很多,而且胡蜂的个体比中蜂大 4～5 倍,是中蜂的天敌,中蜂的巢穴一旦被胡蜂发现就有全群覆没的危险。

由于中蜂好咬老旧巢脾,因此巢穴中积存的残渣很多,极易滋生巢虫，严重时它们会将蜂巢中的巢脾、子脾等全部毁坏，而中蜂对此毫无办法，只能弃巢飞逃。

(六)其他习性

中蜂除以上特性外，还有爱新脾、咬老脾、爱密集、怕震动、怕刺激、怕缺少饲料等特性。

尽管中蜂和西方蜜蜂在生物学特性上有一定的差别，但在管理技术上基本一致。如果掌握了饲养西方蜜蜂的管理技术，养好中蜂也不是太难。

二、中蜂的管理要点

(一)饲养中蜂场地的选择与蜂箱的排列

中蜂蜂场的场地选择首先要掌握蜜粉源的情况，了解当地各种蜜粉源的开花时间及其花期长短。在蜂场的周围应有1～2个主要大蜜源和零星的蜜粉源，还应有干净的水源。若是在山区最好选在半山腰，这样蜜蜂采集时可以省些力气。

中蜂大多数都是定地饲养结合小转地放养。一般是家庭养蜂，蜂场都设在自家的房前屋后，以便于观察和管理。如蜂群数量较多，在山区可就近选择地形多样、背风向阳的山坡为蜂场。若是在平原地区，可选择较安静、地面可参照物较多、远离老幼人群及牲畜的地方建立中蜂蜂场。

中蜂容易迷巢，因此不能像西方蜂那样排列蜂箱。中蜂蜂箱的摆放，在其旁边必须有明显的参照物，蜂箱巢门不能朝向一个方向，而且各箱之间的距离不得小于1米，邻近蜂群的巢门朝向必须有明显的不同，否则会因迷巢而引起盗蜂。

(二)多造新脾,淘汰老旧脾

中蜂的泌蜡能力较强,大流蜜期即将到来之前,当外界气温、蜜源较好时,可准备上好巢础的巢框备用。当蜂巢内框梁上出现白蜡茬时即可将上好的巢础加到蜂巢内适当的位置上造新脾,用人工巢础造的新脾巢房孔大小一致、整齐干净,蜂王很喜欢在上面产卵,同时淘汰老旧脾。淘汰下来的老旧脾及时拆掉化蜡,蜂蜡可以拿到蜜蜡加工厂换回巢础,也可以卖给收购的人,这样也控制了因中蜂咬老旧脾而滋生巢虫的危害。

(三)人工育王

中蜂采用活框式蜂箱新法饲养后,为人工培育蜂王创造了条件。人工育王可有计划地实行人工分蜂,加快蜂群的繁殖速度。选育优良蜂王对于蜂群的复壮及逐步改变蜂种的不良习性有很重要的意义,因此我们应重视中蜂的选育工作。应选择蜂王产卵力强、繁殖快、能维持大群,工蜂采集力强、习性温驯、抗病力强的蜂群为种群移虫养王,这样经过长期选育,同样可以逐步改变中蜂的不良习性,让中蜂按人类所希望的方向发展。

中蜂人工养王技术和西方蜜蜂基本一样,但要注意最好不用无王群养王,因为中蜂失王以后,巢内秩序混乱,容易发生工蜂产卵,严重影响养王工作。

(四)密集群势,避免震动

中蜂自卫能力较差,密集对保护子脾、抵御敌害极为有利。因此,无论在越冬期还是流蜜期都要保持蜂多于脾,随时抽出多余的巢脾。中蜂怕震动,一旦受了震动就会离脾,这时子脾得不到及时的饲喂和保持32℃的恒温,蜂儿会因此而发育不良,影响蜂群群势的正常发展,使生产受损。因此,我们在管理上要尽量少检查,必须检查时操作一定要轻、快、稳，使蜂群处于安静状态。

（五）强群取蜜，弱群繁殖

在主要蜜源到来之前，用有新蜂正在出房的老子脾补充给新王群并进行奖励饲喂，适当添加适宜产卵的巢脾，促使新王多产卵，以实现群内有足够的适龄采集蜂构成强壮的采蜜群，迎接大流蜜期的到来。

此时较弱的老王群以繁殖为主，将有新蜂正在出房的老子脾提出补充给新王群。老王群与新王群一样进行奖励饲喂，并适当添加适宜产卵的巢脾，尽量让老王多产卵，以利于流蜜后期蜂群的发展。

中蜂在大流蜜期中可充分发挥其嗅觉灵敏、飞行速度快、行动敏捷、早出晚归、勤俭节约的优良品质，因而上蜜很快。因此，在流蜜初期应及时提出巢内原有的大蜜脾妥善保存，半蜜脾或蜜粉脾可各保留 1 张，其他多余的蜜脾可提出取蜜。不能将箱内存蜜全部取光，以防天气突变蜜源中断，造成蜂群因饲料短缺而飞逃，特别是在大流蜜后期一定要留足饲料备用。饲养中蜂要特别注意防止蜂场发生盗蜂，操作时务必注意每一步都不能把蜜、糖的汁液滴在蜂箱周边或附近。

（六）以家庭定地饲养为主

中蜂怕受震动，稍有震动即会离脾，长途转运蜂群势必使蜂群长时间处于震动中，使子脾长时间得不到工蜂的关照和喂养，严重影响蜂儿的正常发育。所以，中蜂只适宜定地饲养结合小转地饲养的家庭饲养方法。

三、中蜂过箱

中蜂过箱是要把蜂桶中的巢脾进行切割上框后移入活框式蜂

箱,切割时蜜房肯定会有蜂蜜流出,极易引起盗蜂,所以过箱后要让工蜂快速修复、加固巢脾,尽快恢复正常生活才能避免引起盗蜂。

(一)过箱的条件

1. 蜜、粉源充足 中蜂过箱的首要条件就是外界有充足的蜜粉源。北京地区从早春三月即有榆、桃、杏等蜜粉源植物开花,随后是臭椿、栾树、刺槐、枣树、荆条等大的蜜粉源植物陆续相继开花,花期延续至 7 月份。因此,北京地区中蜂过箱的最佳时间应从 4 月份开始。其他地区可根据本地区的花期情况决定过箱时间。

2. 天气晴暖无风 中蜂过箱时需要气候良好无风,气温不低于 15℃,温度较低子脾会受冻,且蜜蜂好蜇人不便操作,还会引起盗蜂。温度过高巢脾发软,子脾受热也不能正常发育,如果必须在炎热的夏天过箱则只能在清晨进行。

3. 蜂群必须健康强壮 中蜂虽然不能维持大群,但要过箱的蜂群也要有 4～5 框蜂以上,这样蜂群过箱后才会很快恢复正常的生活保温、育儿、造脾、采集等。

4. 中蜂过箱前的准备 首先要选择过箱后安置蜂箱的平整地面,应选择在自家庭院或附近背风向阳、不潮湿、远离牲畜、便于观察和管理的地方。为避免中蜂遭受外来蜂的杀害,应特别注意一定要远离西方蜂种的蜂场。据专家介绍,西方蜜蜂一旦攻入中蜂蜂巢就会追杀其蜂王,导致的后果极为惨烈。

为防止中蜂迷巢,在过箱之前要把那些位置不便的蜂桶逐步移到适当的地方,并准备好用于新法饲养的全套活框式蜂箱,以及摇蜜机、大塑料桶(贮蜜用)、盖布(白棉布)、蜂帽面网、割蜜刀、小刀、清水盆、毛巾、图钉、喷烟器、蜂帚、起刮刀、埋线器、埋线板、小圆钉、24～26 号铁丝、中蜂巢础、紧丝器(巢框上铁丝专用器具)、工作凳、小手锯、手电钻、羊角钉锤和麻绳、竹片、木片等养蜂必备工具。

(二)过箱的操作方法

旧法饲养中蜂的蜂桶有立式和卧式2种,因蜂桶的形式不同,过箱的具体操作也稍有区别。

过箱时最好是三人配合进行,一人割脾,一人装脾,一人及时收拾碎蜡渣和清理现场,为不引起盗蜂,三人操作要配合默契、行动敏捷、干净利索。

1. 过 箱

(1)立式蜂桶的过箱 先将旧式蜂桶倒过来,使蜂桶口朝上,把草帽或收蜂笼扣在蜂桶口上,再用木棍轻轻敲击蜂桶下方。中蜂受震动后很快离脾,向上爬集结在草帽或收蜂笼里结成团后,即将带蜂团的草帽或收蜂笼提起,暂时挂在一边,将原蜂桶尽快搬到5米以外的房间里,马上开始割脾、装脾上框、放入蜂箱,然后将蜂箱放在原蜂桶的位置上,将带蜂团的草帽或收蜂笼扣在蜂箱内巢脾的框梁上驱蜂上脾。之后盖好箱盖,打开巢门,其打开的程度以让2~3只蜜蜂进出蜂箱即可(图8-1)。

图8-1 翻转蜂桶驱蜂入笼

(2)横卧式蜂桶的过箱 先把蜂桶一端的盖子打开,用烟熏或用细木棍轻轻敲击打开的一端,把蜜蜂驱赶到蜂桶的另一端,当蜜蜂基本上都离开巢脾结团时,再把巢脾按顺序分别割下来移到室内上框,按上框后的巢脾面积大小入箱,以虫卵脾居中、其他种类脾分放于两侧、蜜粉脾靠外放置的顺序安放巢脾。安置完毕后将蜂桶搬开,把蜂箱放到此位,其他操作与立式蜂桶过箱方法基本相同(图 8-2)。

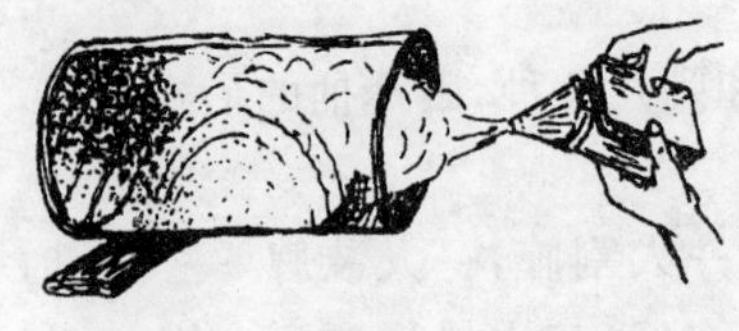

图 8-2　不翻蜂桶喷烟驱蜂

2. 割脾、装脾　最好把蜂桶搬到室内,把巢脾按顺序割下,蜜脾、子脾、空脾要分别存放。在割子脾时千万注意不要碰伤子脾,将割下的子脾轻轻地平放在隔离板上面,然后沿着巢框内缘将巢脾裁下,同时用刀尖沿着铁丝用力把巢脾划出 3 道沟,沟深以刚达巢房底为宜。此时,轻轻将 3 条铁丝压入巢脾适当的深度后,用另一块隔离板护在上面,并用双手控制住上、下两块板连同巢脾翻转过来,揭去上面的隔离板,用图钉将两根木片竖着钉在巢脾没划沟的这面的上、下框梁上。装好巢脾后,按照蜂群的生活规律,将虫卵脾放在中间,两侧为老子脾,最外侧放蜜粉脾,放好后把蜂团抖入蜂箱,盖好箱盖缩小巢门,这样过箱工作即告结束(图 8-3 至 8-9)。

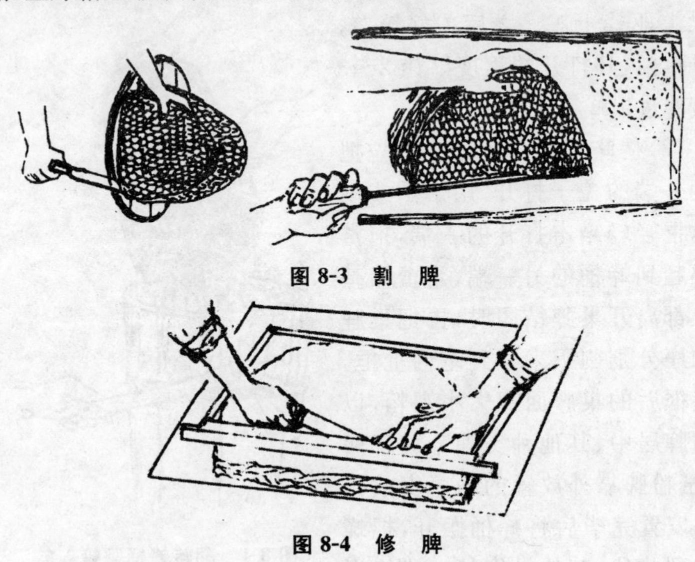

图 8-3　割　脾

图 8-4　修　脾

图 8-5　划槽埋线

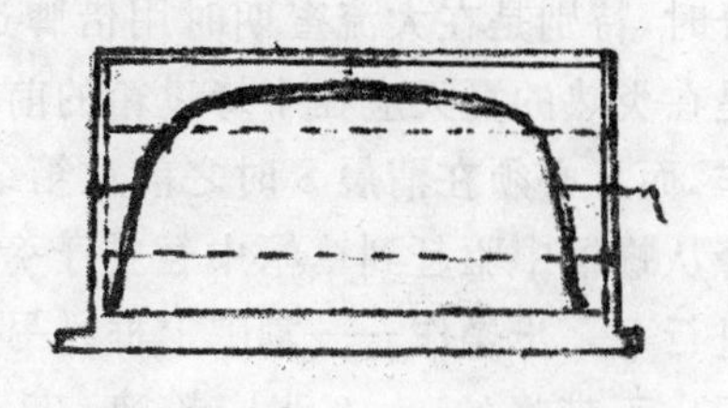

图 8-6　埋入上、下两道铁丝

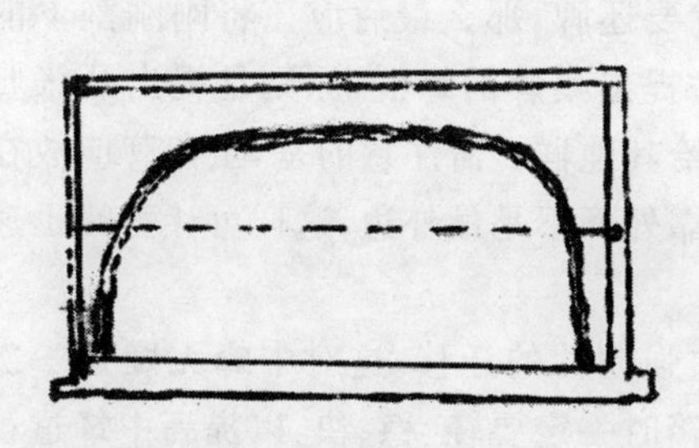

图 8-7　翻面后埋入中间的铁丝

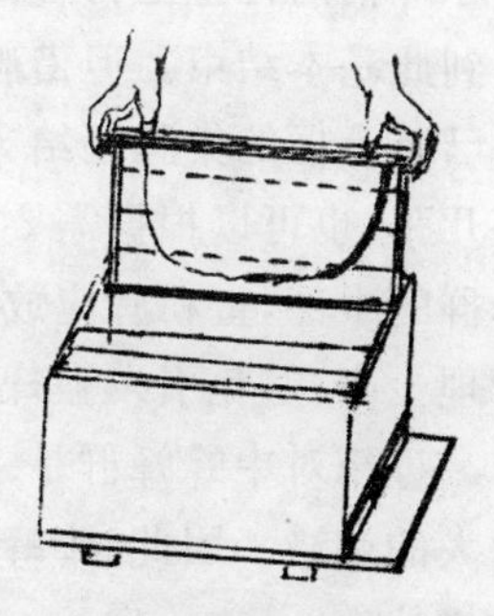

图 8-8　入　箱

3. 借脾过箱　在山区从来没用新法饲养过中蜂的农户，如果想用新法饲养中蜂，首先应做好各方面的准备工作，然后选择自家的一部分桶养中蜂，在外界蜜源及气温等条件适合时进行过箱。在第一批过箱成功后，可用借脾过箱的办法，进行第二批、第三批过箱直至完成全部过箱。具体方法如下：在外界蜜源及气温等条件适

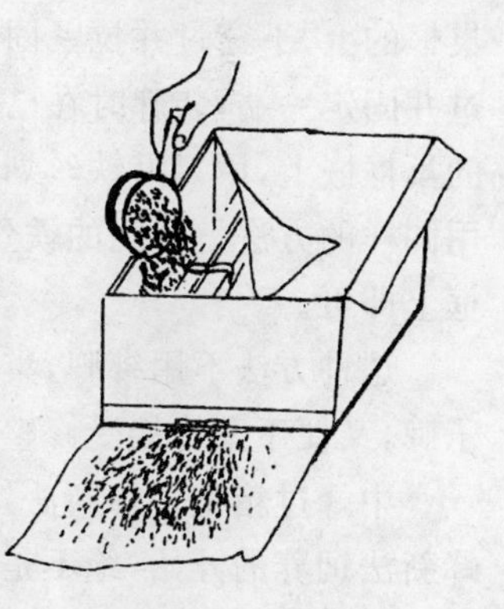

图 8-9　过　蜂

合时,特别是在大流蜜期时用借脾过箱法过箱其成功率较高。若是在炎热的夏天应在中蜂过箱的前一天做好过箱前的一切准备工作,而且必须在清晨8时之前过箱结束。清晨,首先将准备过箱的蜂从蜂桶中驱赶到草帽中暂挂于旁边,然后把蜂桶移开搬到屋内进行下一步操作——割脾上框。另一人从上批过箱成功的蜂群中提出不带蜂的1～2张蜜粉脾和1～2张子脾放入已备好的蜂箱中,使蜂箱内有2～3张脾(视蜂团的大小而定),然后将蜂箱安放在原蜂桶的位置上将蜂团引入蜂箱,盖好箱盖打开巢门。借脾过箱到此基本结束。但借脾就要还脾,那么最后应该将刚刚割下的并已装上框的巢脾还给方才提出巢脾的蜂群,原则是提出几张归还几张,也可以根据需要补给其他群。需注意的是,虫卵脾应放在蜂群的中部,蜜粉脾应放在靠外而不是最外边,这样可让蜜蜂迅速清理干净,避免引发盗蜂。

过箱对中蜂蜂群是一次强制性的迁移,这对中蜂无疑是一次很大的刺激。因此,中蜂过箱时一定要轻、稳、快,以提高中蜂过箱的成功率。

另外,再介绍一种中蜂过箱割脾装脾的方法:即首先将铁丝从巢框的上、下穿过并拉紧固定,用另一条铁丝从巢框的中间小孔穿过并固定一端,装脾时在已裁好巢脾的一面把已固定好上、下铁丝的巢框嵌上,用刀沿铁丝划一道沟至巢房底再将铁丝嵌入后翻面,用同样的方法把中间的铁丝也嵌入巢脾并拉紧固定在另一端的边框上即可。

这种方法不用绑脾,巢脾装上后很稳,既可避免因绑脾而损伤子脾,又便于蜜蜂接受修整巢脾,也是一种较好的装脾固定方法。

中蜂过箱是中蜂新法饲养技术措施的第一个环节,仅仅是中蜂新法饲养的开始,绝不是中蜂新法饲养的全过程。

四、过箱后中蜂蜂群的管理

（一）中蜂过箱后的注意事项

1. 缩小巢门　中蜂过箱后一定要缩小巢门，只允许2～3只蜜蜂进出，并根据蜂群强弱与蜜蜂活动情况及时调整，以不影响蜜蜂出入为宜。巢门开得过大易引起盗蜂。

2. 箱外观察　中蜂过箱后的1～2天应多进行箱外观察，不宜勤开箱检查，以免影响蜂群的正常活动。箱外观察主要看工蜂活动是否正常，如果蜜蜂聚集在巢门外或从蜂箱内快速爬出并在周围乱飞，应开箱检查。若发现蜜蜂不上脾，情绪急躁不安，可能是蜂王丢失，这时应将箱盖打开露出蜂巢看蜜蜂是否能迅速回巢，同时应在周边寻找。此时，如蜜蜂已返回，应立即盖好箱盖，观察工蜂的采集活动是否正常，如果已带回蜜粉，并将碎蜡屑及死虫等拖出箱外，就说明中蜂过箱成功，蜂群已恢复正常生活。

3. 开箱检查　中蜂过箱后3～4天要进行一次全面检查，主要目的是了解蜂王产卵情况、幼虫发育是否正常、改装的新巢脾是否已修整好，蜜、粉是否充足，蜂脾是否相称等，如发现问题应及时处理。

4. 修整巢脾　中蜂过箱后6～7天可以去掉绑脾用的竹片或麻绳等，如果发现巢脾不平整，应再加以修整，蜂路应保持在8～9毫米，因中蜂喜欢蜂巢密集。

5. 适时造新脾　如果外界蜜源条件好、蜂数密集、蜂王产卵旺盛、框梁上有白蜡茬即可加巢础造新脾，逐步换掉老脾，以利于蜂群快速繁殖和发展。

(二)蜂群的飞逃及预防

蜂群由于不良因素的干扰,常会发生全群飞逃,这些不良因素包括:病虫害的袭扰(如蜂群发生中蜂囊状幼虫病时烂子严重)、长期不清理蜂箱积存蜡屑过多滋生巢虫、饲料不足蜂王停产、盗蜂严重、喂药时药味太重刺激蜜蜂、检查蜂群时间过长、操作不注意、震动大、挤压死蜜蜂等都会引起蜜蜂飞逃。

针对上述情况,首先要去掉不良的因素,及时防病治病,补足饲料,遮阴防晒,打扫蜂箱内卫生,捕杀胡蜂,保持蜂群有一个安静适宜的生存环境,才能有效地防止蜂群飞逃。

(三)工蜂产卵的处理

工蜂是一种发育不全的雌性个体,当蜂群有王时,蜂王分泌的蜂王物质(激素)能抑制工蜂卵巢的发育,使其不能产卵。当蜂群失王时间较长时,蜂群失去蜂王物质的抑制,工蜂的卵巢很快就会发育,产下未受精卵,一个蜂房能产下几粒至十几粒,而且极不规则,使封盖后的房盖突出、高低不平,出房的只是发育不良的小雄蜂。蜂群中一旦出现工蜂产卵就不会只有一只而是同时出现较多的产卵工蜂,此时巢内秩序混乱,蜂群工作懈怠,出勤率大大下降,工蜂体色变暗,呈现出衰老的状态。如不及时处理,就会造成全群毁灭。然而处理工蜂产卵的方法虽多,但效果都不太好,成功率很低,只有采用铁纱盖合并法效果还算比较好。具体方法是:在有王群的巢箱上加一个有巢门的空继箱,用铁纱盖将巢箱与继箱隔开,合并前把继箱巢门关严,盖好箱盖,等到傍晚工蜂都进入蜂巢后,把工蜂产卵蜂群中的蜂和脾全部提入准备好的空继箱内,脾上要有够吃 4~5 天的饲料,过 1~2 天当巢箱中的工蜂大部分外出采蜜时,把继箱的巢门打开,飞出去的工蜂多半会进入巢箱,然后将继箱内封盖子脾的房盖割掉,并用摇蜜机将小雄蜂蛹(可食用)甩出，虫卵脾、老旧脾淘汰化蜡，蜜粉脾可加到其他蜂群里去，剩下的蜜蜂会很快进入巢箱，表明合并成功。

平时多做箱外观察，发现问题及时开箱检查，及时处理，避免出现工蜂产卵的现象。

(四)预防盗蜂

1. 导致盗蜂的原因 中蜂嗅觉灵敏，在缺少蜜源时容易引发盗蜂，由于蜂场中蜂群强弱不同或是有无王群、检查蜂群时间过长、巢脾不够密集且脾上蜜蜂稀少护不了脾、巢门开得过大、蜂箱有缝隙、巢内饲料不足、喂蜂时把蜜汁洒在蜂箱边或周边的地上等都会引起盗蜂。

2. 怎样识别盗蜂 盗蜂行为慌张，喜在蜂箱周围寻找散发出气味的缝隙。如在巢门前有蜜蜂在厮咬，且有的蜜蜂已被咬死，只要巢门前还有许多蜂在守卫，则说明盗蜂还没有攻入蜂巢；如发现巢门前没有打架的蜂，但蜜蜂进巢、出巢速度都很快，且进去的蜂肚子小而出来的蜂肚子大，则表明发生了盗蜂。

3. 怎样处理盗蜂 处理盗蜂的办法与处理西方蜜蜂盗蜂的办法基本相同，需要注意的是饲养中蜂一年四季都应保持巢内密集，蜂多于脾。加强管理，注意多做箱外观察。蜂箱不可有裂缝，巢门要小(大流蜜期除外)，巢内要有充足的饲料。特别是在外界缺少蜜源时，养蜂人不能随手把蜜、糖、巢脾等乱放暴露在外引发盗蜂。

五、搜捕野生中蜂

我国地域辽阔，南北地区气候差异较大，搜捕野生中蜂的时间也不尽相同，可根据当地气候、蜜源条件和中蜂的分蜂期、迁飞习惯而定。如南方地区应在 2～4 月份或 10～11 月份搜捕野生中蜂,而华北地区以在 4～6 月份搜捕野生中蜂为宜。

(一)诱捕野生中蜂的方法

根据野生中蜂选择筑巢的条件,在适宜的地方放置空蜂箱,让自然分蜂群或飞迁的蜂群自寻到此入住,然后搬回家饲养。

具体方法是:首先寻找野生中蜂较多的地方,选择目标明显处放置诱捕用的空蜂箱,箱体严密无缝,巢门不大,内不透光,干燥洁净,没有特别的气味。最好能放置一张巢脾或上好巢框的巢础。安置妥当后要注意观察,若发现有少数蜜蜂出入,即为本诱捕蜂箱已被侦察蜂发现,不久便可能有蜂群飞来入住。等到傍晚搬回家,如家中已有活框饲养的中蜂,可从较强的蜂群中提 1～2 张脾给它,若没有这个条件也可以加 1～2 张巢础,进行奖励饲喂,进行新法饲养。

(二)猎捕野生中蜂的方法

根据野生中蜂的筑巢习性和活动规律,人为寻找,如果发现蜂巢,则连脾带蜂整群收捕。

在花丛中追踪采集蜂是寻找野生中蜂蜂巢的主要线索,采集花粉、花蜜和水的中蜂是追踪的主要目标。在蜜源开花的季节里,经常注意采集蜂往返路线,如果发现飞往深山或无村落的地方,则必是野生中蜂,可跟踪追寻,但不要性急,每次前进 30～50 米,留心观察飞行路线,跟踪到可能有蜂巢的地方,一边观察飞行的中蜂,一边耐心寻找蜂巢,特别注意观察岩缝、树洞、废旧的小窑洞等,直到发现蜂巢。也可以捉一只采集中蜂,用一根 30 厘米长的细线,一端贴一张小纸片,另一端绑在采集蜂的腰上放飞,蜜蜂受惊急于返巢,由于负重而飞行缓慢,这样紧追到底就可以发现蜂巢。

在蜜源缺乏季节,可在野生中蜂活动的地方,人为地制造蜜源。在气流较强的地点把蜂蜜涂在树叶上或放在小盘中，也可燃烧旧巢脾使蜜蜡气味扩散，招引野生中蜂前来采集，然后根据采集蜂的飞行路线追寻蜂巢。

蜂群在繁殖季节对水的需要量很大，经常有蜜蜂在水边采水。采水蜂大多是老蜂，飞行路线距离不会太长，跟踪进山后发现水边有蜂在采水，表明蜂巢就在附近。

观察蜜蜂排出的粪便，也是判断蜂巢位置方向的线索。早春工蜂排出的粪便很多，排出的粪便形状往往一头大一头小，小的那头总是指向离开蜂巢的方向，大的那头总是指向蜂巢，在石块、石板上看得很清楚。如果发现排出的粪便说明蜂巢就在附近，通过粪便所指的方向去寻就会发现蜂巢。

发现蜂巢后，记住位置，准备收捕工具进行收捕。在猎捕野生中蜂时应尽可能地保护好巢穴，因为用原穴引诱野生中蜂效果会更好。割脾时可留下一些巢脾的痕迹，收捕结束后，用石块、泥土等把巢穴修复成原状，留好巢门，作为再次引诱野生中蜂的天然巢穴，可进行多次收捕。

中蜂的生活习性及管理事项已在相关章节中加以叙述，过箱之后的常规管理及四季管理暂时可参照意蜂的相关管理方法执行。

第九章　蜜蜂病虫害诊断与防治技术

蜜蜂病虫害是养蜂业发展的重要障碍。它不仅可以削弱蜂群,降低蜂产品产量、质量,还可以造成整个蜂群死亡,导致蜂场破产。因此,加强蜜蜂病虫害的防治,贯彻"预防为主、防治结合"的方针,是确保养蜂生产发展的重要环节。

一、蜜蜂病虫害的种类

蜜蜂病虫害的种类很多,归纳起来可分为传染性和非传染性两类。

传染性病害包括病毒病如囊状幼虫病、麻痹病,细菌病如美洲幼虫腐臭病、欧洲幼虫腐臭病、败血病、副伤寒,真菌病如白垩病、黄曲霉病、蜂王变黑病;原生动物病如孢子虫病、变形虫病;寄生虫病如大蜂螨、小蜂螨、寄生蝇病、地胆病、蜂虱病。非传染性病害包括卷翅病、枣花病、幼虫冻伤、死卵病、甘露蜜中毒、花粉和花蜜中毒、农药中毒等。

二、蜂场诊断

蜂场诊断主要是根据患病蜂群的症状特征来进行诊断,具体方法如下。

(一)蜂箱外观察

有些蜜蜂疾病通过箱外观察就基本可以做出确诊,如在蜂箱前的场地发现许多翅膀发育不良、无力爬行的幼蜂,且有较多发育不全的幼蜂尸体和蜂蛹被拖出蜂巢，即为大、小蜂螨所导致。

若发现蜜蜂行为呆滞，反应迟钝，体色暗黑，身体、翅膀颤抖，则可初步诊断为蜜蜂麻痹病。

若是采集蜂在地上翻滚打转、躯体痉挛、吻伸出，可诊断为农药中毒。

（二）蜂箱内检查

开箱提脾，注意观察蜜蜂的行动及体色，卵、幼虫的体态和色泽，蜂蛹的封盖房盖是否正常等。

1. 成蜂病　在提起巢脾的瞬间若发现蜜蜂在颤抖且抓不住脾而掉落，蜂体如油炸状，发亮、瘦小、脱毛，或蜂体腹部膨大、行动缓慢并被同巢蜜蜂驱逐，亦可初步诊断为蜜蜂慢性麻痹病。

蜂体无明显变化，行动缓慢、懈怠，几乎没有蜜蜂外出，死亡很快，特别是强群 3～4 天即全群死光，即为危害极大的蜜蜂急性麻痹病。

蜂体胸背及腹部末端呈暗黑色，腹部背板前两节呈棕黄色略透明，用小镊子夹住蜜蜂腹部末端轻轻拉出蜜蜂的肠道，可见其中肠膨大、呈乳白色，失去环纹、弹性，可初步诊断为蜜蜂孢子虫病。

蜂体腹部膨大，体色暗淡，后肠充满稀便、有恶臭味，即为蜜蜂副伤寒病。

枣花中后期气候干燥，蜂场上蜂箱周围有采集蜂腹部膨大不能起飞，只能在地面上蹦跳抽搐而死，即为枣花病。

越冬期间或早春出现成蜂腹部膨大，排泄稀黄色粪便即为下痢病。

蜜源流蜜中期或后期出现工蜂大量死亡，即为花蜜或花粉中毒。

气候不正常，且在外界蜜源缺少时，蜜蜂积极采集，而后出现采集蜂腹部膨大中毒死亡，即为甘露蜜中毒。

2. 幼虫病 抖掉蜂后仔细观察,若蜂蛹的房盖上有小孔洞并下陷,有幼虫腐烂,但无定型亦无臭味,整张子脾呈现出无规则的花子,挑开房盖可见蜂螨,即是螨害。

若死亡幼虫多为6日龄以后封盖的大幼虫,死虫头部向上翘,虫体无黏性、无臭味,用小镊子将其取出,可看到虫体下端有似水滴的囊状物,即为蜜蜂囊状幼虫病。

若死亡幼虫多为3～4日龄未封盖的小幼虫,也有少数大幼虫被感染,死虫体无黏性、有酸臭味,用小镊子可以取出,即为欧洲幼虫腐臭病。

若死亡幼虫多为封盖的大幼虫,巢房盖下陷并有小的孔洞,死虫紧贴巢房壁,有黏性,小镊子不易清除且可拉起长丝,还发出鱼腥臭味,即为美洲幼虫腐臭病。

若被感染的幼虫多为封盖的大幼虫,雄蜂幼虫更易受感染,死亡虫体表面长满一层白色毛霉,尸体干枯如石灰,即为白垩病。

若染病幼虫多为封盖的大幼虫和蛹,死虫体上长满黄绿色霉菌分生孢子,即为黄曲霉病。

早春保温不良,蜂少脾多,寒潮过后弱群出现小幼虫死亡,虫体变黑,边脾尤其严重,即为受冻表现。

三、实验室诊断

实验室诊断主要包括解剖诊断法、微生物学诊断法和血清学诊断法。

(一)解剖诊断法

根据对蜜蜂病情的初步诊断决定解剖观察某个部位,如蜜蜂孢子虫病要解剖蜜蜂的腹部观察其中肠来确诊。蜜蜂麻痹病应解剖蜜蜂的腹部,观察位于腹板上的神经索。壁虱病要解剖蜜蜂胸部气管，阿米巴病要解剖蜜蜂的腹部观察马氏管才能进行诊断。

（二）微生物学诊断法

主要包括直接检查法、分离培养法和致病性试验 3 个部分。

1. 直接检查法　将供检材料制成涂片，用显微镜观察检查确定病原，细菌、真菌、原生动物等都要用显微镜才能确定病原。

2. 分离培养法　首先将供检材料制成菌液，然后用分离培养法纯化病原物。常用方法有琼脂平板划线法和 50℃ 琼脂液倾注平板法（借用琼脂液将平皿内的菌液冲散混匀，待琼脂凝固后培养）。

3. 致病性试验　为了最后确定病害的病原物，还要对健康者进行致病性试验，常用方法有吞食感染、接触感染和注射感染 3 种。

（三）血清学诊断法

血清学诊断是利用抗原、抗体两者发生特异性反应的原理诊断某种疾病。血清学诊断已成功地应用于美洲和欧洲幼虫腐臭病以及蜜蜂麻痹病和蜜蜂囊状幼虫病的诊断。

进行血清学诊断必须首先制备抗原和抗体，然后进行血清学反应。目前，应用于蜜蜂疾病诊断的血清学方法有琼脂免疫双扩散法、对流免疫电泳法、荧光抗体法和酶联免疫吸附法。

四、蜜蜂病害的预防和治疗

（一）预　防

预防工作在蜂病防治上占有很重要的地位，因为蜜蜂一旦发病，不但难以根除，而且会造成严重的经济损失。蜂病的预防措施主要有以下几个方面。

第一,要经常注意蜂场卫生,蜂箱内要经常清扫,检查蜂群时不要把蜡屑碎脾随意丢在地上,老旧巢脾要及时更换、化蜡。

第二,养蜂人员要搞好个人卫生,检查蜂群之前必须用肥皂洗手,如有蜂群患病,应先检查健康群,然后再检查患病蜂群。进行蜂群调整时,特别注意严禁将患病蜂群的巢脾等与健康蜂群进行互换,以避免传染。

第三,蜂场上一旦发现病害,应立即对病群进行隔离治疗,死蜂要集中烧毁或埋掉,病蜂巢脾应及时化蜡,以免传播蔓延,同时要全场喂药预防。

第四,不用不知底细的蜂蜜作饲料,不购买和使用来路不明的旧蜂具和蜂箱。

第五,要注意检疫,不得引进患病蜂群。

第六,蜂箱、蜂具要定期消毒,在每年春季蜂群陈列以后和蜂群进入越冬期前,对蜂场的蜂箱 、蜂具和场地都要进行一次彻底的消毒处理。

(二)治　疗

根据蜂病的发生及流行特点,在治疗上必须遵循以下原则。

1. 必须采用综合防治措施　对于一个已患病的蜜蜂个体而言,是很难治愈的,而在蜂场防治所谓"治愈"的含义,只要求新生个体不患病即达到目的。因此,就决定了药物治疗必须与换箱换脾、消毒等措施结合起来。即在进行药物治疗之前,必须做好消除传染病病原的工作,才能收到良好的治疗效果。

2. 必须对症下药　如是细菌病,要用抗生素和磺胺类药物治疗,而对寄生虫和蜂螨可用杀螨剂进行防治,原生动物如孢子虫和阿米巴类可用甲硝唑(灭滴灵)等药物。总之,只有对症下药,才能收到良好的效果。

3. 掌握药物的配制方法和浓度(剂量) 药物的剂量通常是指治疗时施药的用药量。蜜蜂对有些药物比较敏感,因此在进行疾病治疗时一定要严格掌握用药量,否则过量会使蜜蜂中毒,量不足达不到治疗的效果。此外,对某一种病原物不能长期使用同一种药物,因为病原物或寄生虫都可能因此而产生耐药性。所以,最好将几种药物交替使用。

4. 用药时间和方法 对于一些寄生虫和蜂螨的防治,必须抓住它们的薄弱环节,如防治蜂螨要抓住蜂群内没有封盖子脾的时候进行。对于一些传染性疾病则要抓住发病初期及时用药。喷喂药物一般均在蜜蜂回巢后,这样既不影响蜜蜂的采集活动,又能使所有的蜜蜂都接触到药物。在气温较低的季节,应选择晴天无风的中午进行。防治成年蜂病以喂为主,喂喷结合。防治幼虫病应以喷为主,喷喂结合。用药量依群势强弱而定,以 10 框群为准,1 千克药液糖浆可喂 3～4 群或喷 5～10 群。喷药时,可一人提脾一人喷药,每面喷 3～5 下,要求雾滴细微均匀,不要直接对着蜂王和幼虫房喷,以防拖子。药液要随用随配,以免变质失效。

五、蜂场的卫生与消毒

(一)蜂场卫生

蜂场和蜂箱周围要经常清扫,保持环境干净、整洁、清静。其他必须遵守的原则可参照"蜜蜂病害预防原则"进行操作。

(二)蜂场消毒

蜂场的消毒对象主要包括蜂箱、巢脾、养蜂用具及场地。消毒是预防和扑灭各种传染病的重要措施,也是综合防治措施中不可缺少的重要环节。消毒方法有很多,常用的有以下 3 种。

1. 机械消毒法 就是利用机械方法除掉病原体,如蜂箱、蜂具可用起刮刀进行刮铲,蜂场上的死蜂等可用扫帚清扫后用土埋或烧掉。这种方法只能减少病原物,不能彻底消毒,应与其他消毒方法结合使用。

2. 物理消毒法 有以下5种。

(1)日光 日光对多种微生物有不同程度的杀灭作用,在早春可利用阳光暴晒保温物对其进行杀菌消毒。

(2)烘烤 用烘烤的方法能杀灭蜂箱、蜂具表面的微生物。

(3)灼热 在蜂场常用灼热的方法来消毒蜂箱和巢框。先用起刮刀刮去脏物和蜡屑等,再用煤油喷灯或汽油喷灯仔细灼烤每个部位,直到木质呈焦黄色为止。燃烧稻草灼烤蜂具也是一种经济实用的消毒方法。

(4)煮沸 煮沸是一种经济、实用、方便的消毒方法。大多数病原体在60℃～80℃的热水中30分钟即可被杀死,芽孢型病原体在沸水中15分钟即可被杀死。因此,煮沸1～2小时即可彻底消灭一切微生物。目前,除了用此法消毒工作服、盖布及小型蜂具外,还可以用大锅来煮沸消毒蜂箱和巢框。

(5)紫外线 紫外线对那些极其敏感的细菌有很强的杀灭力,因此紫外线常被用来消毒被欧洲幼虫腐臭病和副伤寒病病菌所污染的蜂箱和巢脾。

3. 化学消毒法 是应用最广泛的一种消毒方法,在养蜂生产上常用的消毒剂有以下几种。

(1)冰醋酸 冰醋酸的蒸气对孢子虫、阿米巴及蜡螟的幼虫和卵均有很强的杀灭能力。因此,在蜂场常用冰醋酸消毒被孢子虫、阿米巴所污染的蜂箱、蜂具和巢脾,同时也用来防治蜡螟。每个继箱用96%～98%冰醋酸溶液10～20毫升置于浅盘内,放在蜂箱巢框下面密闭熏蒸2～3天后,打开蜂箱盖,通风24小时即可使用。

(2)甲酸　甲酸蒸气消毒与冰醋酸消毒方法相同，但是甲酸对病原体的穿透力比冰醋酸强，同时还能杀死封盖房内的蜂螨及螨卵。消毒蜜粉脾时，蜜粉不会被污染，对蜂群繁殖没有影响。其用量为每个箱体用10～15毫升，密闭熏蒸2～3天。

(3)次氯酸钠　0.58%～1%次氯酸钠溶液对多种病菌都有杀灭作用。在蜂场上可用1%次氯酸钠溶液来消毒被欧洲幼虫腐臭病、美洲幼虫腐臭病及副伤寒病病菌所污染的蜂箱和巢脾。

(4)高锰酸钾　它是一种强氧化剂，0.1%溶液具有杀菌作用，2%～5%溶液在1小时内可杀死芽孢。此外，对病毒有抑制作用，常用来消毒被美洲幼虫腐臭病、欧洲幼虫腐臭病、囊状幼虫病污染的蜂箱和巢脾。

(5)氢氧化钠　又叫烧碱、苛性钠，常用1%～2%溶液刷洗被美洲幼虫腐臭病、囊状幼虫病污染的蜂箱和巢脾。

除以上药物外，2%～5%碳酸氢钠溶液及0.1%新洁尔灭溶液对病原菌污染的蜂箱和巢脾均有消毒作用。

化学试剂对人的眼、鼻、口黏膜有较强的刺激性，使用时要做好防护，戴上手套和口罩等以防伤害。

六、蜜蜂常见病虫害的诊断与防治

(一)美洲幼虫腐臭病

美洲幼虫腐臭病因最早于美洲大陆发现而得名，因患病幼虫大量腐烂死亡，故又叫烂子病。目前，世界上许多国家都有发生，在我国蜂场也有发生。本病是一种毁灭性病害。

1. 病原　美洲幼虫腐臭病是由幼虫芽孢杆菌引起的，菌体长2～5微米，宽0.5～0.7微米。在不良环境下能形成芽孢，抵抗力很强，在巢脾上能存活15年，在室内能存活9年，将蜂蜜煮沸40

分钟才能把芽孢杀死,但在沸水中11分钟即可被杀死。

2. 症状 美洲幼虫腐臭病常使2日龄幼虫受感染,至4～5日龄时出现病症,封盖以后死亡。病虫的房盖下陷,并有针头大小的穿孔。封盖子脾表面呈现湿润和油光状。患病幼虫体色呈苍白色,逐渐变成淡褐色、棕色至棕黑色。幼虫头部朝向房盖,虫体顺着背部塌陷,尾尖在巢房底。幼虫组织腐烂后有黏性和腥臭味,用镊子挑取可拉成2～3厘米长的细丝。病死幼虫尸体干枯后呈难以剥离的鳞片状物,紧贴在巢房壁下方很难清除(图9-1)。

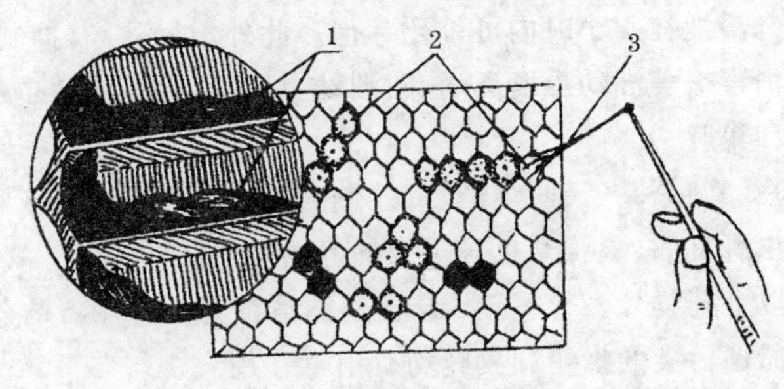

图9-1 美洲幼虫腐臭病

1. 幼虫尸体紧贴巢房壁 2. 房盖塌陷、变暗 3. 挑起可见拉丝

3. 诊断 根据其症状及实验室检查即可确诊。

4. 流行病学 含有幼虫芽孢杆菌的蜂粮被蜜蜂幼虫食入后,经过消化道侵入体内,在血淋巴中大量繁殖,使蜜蜂及其幼虫被感染致病死亡。在死亡的幼虫体内含有大量芽孢杆菌,蜜蜂在清理蜂巢时必定接触病死幼虫即被感染,再去取食蜂粮,再用蜂粮饲喂幼虫,则病原菌即在蜂群内扩散感染。再通过蜜蜂的活动和养蜂人的不当操作,以及蜂群内外的某些寄生虫、昆虫、动物媒介等感染而传播。本病易在夏、秋季节流行。

美洲幼虫腐臭病与蜂种有关,西方蜜蜂比较容易被感染患病,而东方蜜蜂对本病具有一定的抵抗能力。美洲幼虫腐臭病是一种传播迅速、危害严重的顽固性传染病,必须以预防为主,防治结合。

5. 预防 不购买未经检疫的蜂群,其他可参考蜜蜂病害预防的相关内容。

6. 治 疗

(1)消毒 对重病群进行彻底换箱换脾,最严重的病脾即刻烧毁或深埋。对较轻的病脾进行消毒处理,用镊子清除巢房内的腐烂虫尸,再用70%酒精棉球消毒巢房,清除病原,以利于蜂群的康复。

(2)药物治疗 在每千克1∶1糖浆中加入土霉素40万单位,混匀喂蜂。或在每千克糖浆中加磺胺类药物1克,混匀喂蜂。以上药物糖浆在治疗时,可任意选择一种,按每框蜂用50～100克的剂量饲喂,每隔3～4天喂1次,直到治愈为止。

也可用磺胺噻唑钠0.5克、青霉素20万单位,加1∶1糖浆或蜜汁,每群蜂喂250～500毫升,每隔3～5天喂1次,连用3～4次为1个疗程,隔20～30天后,再按上述方法治疗1～2个疗程。亦可采用喷脾的方法,用清水配成药液,治疗次数和时间与饲喂方法相同。

(二)欧洲幼虫腐臭病

欧洲幼虫腐臭病也是蜜蜂幼虫的一种传染性很强的细菌性传染病,在世界许多国家均有发生,在我国中华蜜蜂中发生较为普遍,而西方蜂种较少发生。

1. 病原 欧洲幼虫腐臭病的致病菌是蜂房链球菌,已从患病幼虫尸体中分离出来,同时在分离中还发现许多次生细菌,如蜂房芽孢杆菌、蜜蜂链球菌、蜂房杆菌、腐败细菌等。

蜂房链球菌是一种披针形球菌,长0.7～1.5微米,不活动,也不形成芽孢,涂片观察可见大多呈单个存在,同时也有呈双链状或花结状排列的。其对外界不良环境的抵抗力很强,在干燥的幼虫尸体里能存活 3 年之久,在室温下能维持 17 个月,在巢脾上和蜂蜜里能存活 1 年左右(图 9-2)。

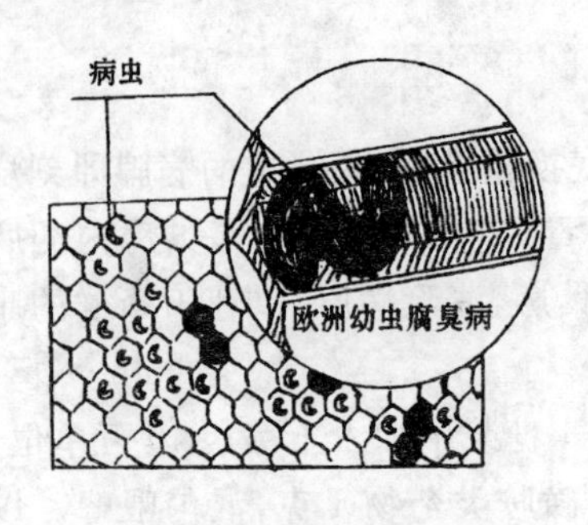

图 9-2 欧洲幼虫腐臭病

2. 症状 欧洲幼虫腐臭病通常感染 1～2 日龄的幼虫,经过 2～3 天的潜伏期,到 3～4 日龄还未封盖即死亡。染病初期幼虫由于得不到充足的饲料而改变了在蜂房中的自然状态,虫体首先失去珍珠般的润泽和体环,变得水肿发黄,呈卷曲的螺旋状,死亡幼虫有酸臭味,稍有黏性但不拉丝。虫尸干枯后变成深褐色,易清除,所以患欧洲幼虫腐臭病的蜂群其巢脾常出现花子脾。

3. 诊断 按上述病症可进行初步诊断,显微镜诊断可挑取病虫体液少许于载玻片上,并加 1 滴无菌水制成镜检涂片,风干、固定后用碱性美蓝染色,置于显微镜下观察,如见到蓝色单个或成对、成堆、成链状的球菌,即可初步确定为欧洲幼虫腐臭病。

4. 流行病学 欧洲幼虫腐臭病一般多发生在春季蜂群中,由于春季气温低、群势弱、保温不良、饲料不足,病菌一旦侵入蜂群幼虫体,病菌快速繁殖易引起疾病的暴发。入夏以后,随着气温的升高,疾病逐渐消失,秋季以后虽有发病,但病情较轻。

患病幼虫的排泄物残留在巢房内,成为疾病新的传染源,蜜蜂的清扫和饲喂活动即是最迅速、最重要的传播途径。盗蜂和迷巢蜂也是蜂群之间的疾病传播者之一。

5. 防 治

(1)加强饲养管理 提高蜜蜂对欧洲幼虫腐臭病抵抗力的主要条件是维持强群,保持群内有充足的饲料,春季注意蜂群的保温,使群内蜂多于脾,适时补充蛋白质饲料,以改善蜂群的健康状况。

(2)加强预防工作　在患病蜂群较少时，要及时清理消毒，杜绝病原。病情严重的有病蜂群进行换箱换脾，用4%甲醛溶液彻底消毒，以杀灭病原菌。换掉病群的蜂王，新王产卵快可使蜂群尽快恢复健康。密集群势切断传染途径，以控制病情蔓延。

(3)药物治疗　用1千克糖浆加土霉素25万～30万单位，每群每次喂0.3～0.5千克，每隔2～3天喂1次，连喂3～4次。隔20天再用1千克糖浆加青霉素20万～40万单位，混合均匀后喷脾。注意不要引起盗蜂。

(三)蜜蜂囊状幼虫病

蜜蜂囊状幼虫病又叫囊雏病，是由病毒引起的蜜蜂幼虫传染病。西方蜜蜂的抵抗力较强，感染后可自愈。东方蜜蜂对本病的抗性较弱，一旦患病常常遭到较大的损失。在我国发现的有意蜂囊状幼虫病和中蜂囊状幼虫病。

1. 病原　蜜蜂囊状幼虫病的病原是病毒，其在59℃热水中只能生存10分钟，在极其干燥的室温状态下可生存3周，在干病虫体中于18℃条件下，经10个月才能丧失活力，阳光直射4～7小时可被杀死，5～6个小时可杀死浮在蜂蜜上层的病毒。

2. 症状　囊状幼虫病病毒主要感染2～3日龄的小幼虫，潜伏期为5～6天。因此，患病幼虫一般都在封盖以后死亡，但在中蜂暴发囊状幼虫病时有30%以上的病虫死于封盖以前。病死幼虫头部上翘，呈浅黄白色，没有臭味，用镊子容易从巢房中拉出，虫尾部有一透明似水滴的小囊，其中充满水样液体。房盖呈暗灰色向下陷，有穿孔，虫尸逐渐变黑形成干片，容易被清除掉。患病蜂群表现不安，容易离脾飞逃。工蜂带有病毒，寿命缩短(图9-3)。

3. 诊断　根据症状即可初步做出诊断，进一步确诊可进行电镜观察和血清学诊断，具体方法可参考蜜蜂麻痹病的诊断。

4. 流行病学　患病蜂群中的成年蜂携带病毒但不表现症状，

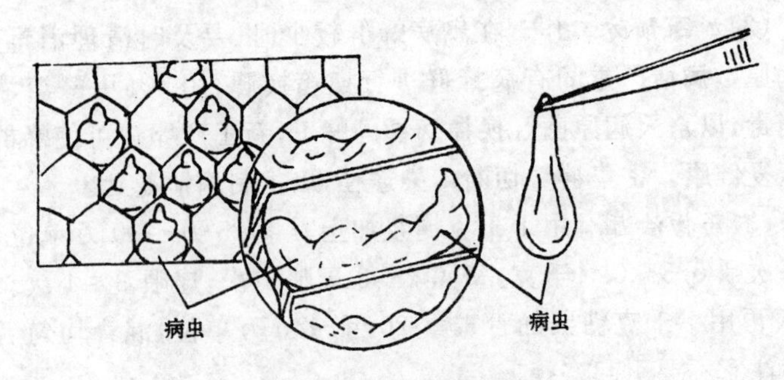

图 9-3　囊状幼虫病

是病害的传播者。病虫及虫尸是主要的传染源,蜜蜂的清扫、饲喂等活动是主要的传染途径。另据有关资料介绍,蜂王也是疾病传播的关键因素,患病蜂群经过更换优质新王后 20 天左右即可康复。

我国南方地区气候温暖,蜜源丰富,中蜂囊状幼虫病几乎每年都要出现 2 次发病高峰,如广东、福建地区中蜂的发病高峰期出现在 3～4 月份和 11～12 月份,而江西、湖南等地出现在 4 月份和 10～11 月份。发病高峰期的出现与外界气候和蜜源条件有着密切的关系。同时,发病与蜂群内饲料的贮量和蜂数密集程度有关。凡是贮蜜足、蜂数多而密集的蜂群,发病就轻。另外,凡是有优质新王的蜂群都不会发病,即使发病也较轻而且易治愈。

5. 防治　根据囊状幼虫病的流行病学和发病规律,在防治上要采用加强饲养管理,选择抗病力强的蜂群育王繁殖和药物治疗相结合的综合防治措施。在使用药物上要中西药相结合,以中药治疗为主。

(1)加强饲养管理,增强蜂群内部抵抗力

①加强保温　在蜂群繁殖期要对蜂群进行保温,并在覆盖物下加一层塑料薄膜,做到蜂、脾相称,维持群内较稳定的温度。此外,检查蜂不要太勤,检查动作要快,防止巢温降低。

②换王断子或幽王断子　为减少传染源，对于发病较重的蜂群，可采取换王或幽王措施，人为给蜂群创造一定时期的断子期，密集群势，彻底清巢，除去病死幼虫，切断传播途径，蜂群就会减少发病，甚至不发病。断子的方法有2种：一种是将产卵王幽闭在王笼内，插在子脾上，控制蜂王产卵10天左右。另一种是除去病群蜂王，换上一个由无病群培养的成熟王台，从新王出房到产卵也需要10天左右。同时，在断子期间或恢复产卵后均需要饲喂药物糖浆，既有奖励作用又有治疗效果，蜂群康复较快。

③补充饲喂营养物质　大量繁殖期间，给蜂群加强饲喂蛋白质营养补剂，增强工蜂和幼虫体质，提高抗病力。常用的人工饲料补剂有酵母粉、黄豆粉、核黄素、多种维生素等，这些补充饲料可以做成糖饼，放在巢脾的框梁上供蜜蜂食用，也可以加入糖浆中饲喂。

④做好消毒工作　对蜂具要及时消毒，蜂场要保持清洁，常用的消毒方法有日光暴晒、石灰水浸泡、火焰灼烧和化学药剂处理等，可根据具体情况选用。

(2)抗病育王　无论采用哪种育王方法，在育王期间气温必须稳定在20℃以上，外界要有丰富的蜜粉源，育王群应健康强壮，有大量的适龄雄蜂，箱内应有充足的饲料。以上条件是育王时必须达到的要求。

①利用地理远缘杂交培育蜂王　即从100千米以外的蜂场引进同一优良品种的蜂王或蜂群为种用母本群，种用蜂群应具有抗病力强、群势强、高产等经济性状，同时在本蜂场选择具有相同优良品质的蜂群作为父本群培养雄蜂，淘汰老劣病群的雄蜂，当发现父群中已有雄蜂出房即可从母群中移虫育王。蜂王从卵到羽化出房需要15.5天，出房后到性成熟还需3～5天，而雄蜂出房后到性成熟需16～18天，新王交尾成功后3天即可开始产卵。可以用其更换病群蜂王，也可以把病群作为交尾群将其蜂王淘汰后，诱入即

将出房的王台,充分利用这段断子期进行彻底治疗。

利用地理远缘杂交培育蜂王不仅可以使原有蜂种的血缘得到更新改善,增强本场蜂群的抗病力,还能提高蜂群的采集能力。

②营养杂交培育蜂王　育王要经过3个过程,即移虫之后被蜂群接受并饲喂3～4天(始工群)、4～5天时移入另一蜂群直到出房的前一天(完成群)、即将出房的前一天诱入交尾群。

营养杂交培育蜂王必须采用复式移虫的方法。首先选择优良的西方蜂种作为始工群,移入1日龄幼虫后将育王框放入始工群的适当位置。翌日取出并把王台中的幼虫用中蜂的1日龄幼虫换掉后仍放回始工群原位(一般情况接受率会很高)。这一步即是要达到让中蜂幼虫吃西方蜜蜂的王浆生长于西方蜂王的大王台中的目的。中蜂蜂王的幼虫期只有5.5天,因此其在始工群内只能生长3～4天,即应回归本族群——完成群内进行化蛹,羽化、出房等最后阶段,其将在交尾群中度过。采用营养杂交培育蜂王的方法,其始工群是西方蜜蜂,完成群和交尾群都是中蜂蜂群。

用营养杂交培育出的中蜂蜂王个体较大,产卵整齐,能维持较强的群势,生产性能和抗病性能都有很大的提高。

(3)药物治疗　可用中草药或抗病毒药物进行治疗。

半边莲,10框蜂用干药50克,煎煮、过滤后取滤液加白糖进行饲喂,每3天饲喂1次,连用4～5次为1个疗程。

抗病毒826(肿节风加金刚烷),每包(4克)加糖水2 000毫升,可饲喂40框蜂,每4天投喂1次,连用4～5次为1个疗程。

(四)蜜蜂麻痹病

麻痹病又叫瘫痪病、黑蜂病,是由麻痹病病毒引起的一种成年蜂传染病,主要分为慢性麻痹病和急性麻痹病2种。慢性麻痹病在美国、英国、法国、加拿大、墨西哥、新西兰、澳大利亚、俄罗斯以及我国都有发生,急性麻痹病在上述有些国家中也有发生。本病常发生在春、秋两季，西方蜜蜂容易被感染，而中蜂一般很少被感染。

1. 病原　引起蜜蜂麻痹病的病原是慢性麻痹病病毒和急性麻痹病病毒。慢性麻痹病病毒粒子为不等轴、椭圆形的复合体，无囊膜；而急性麻痹病病毒为圆球形、直径30纳米、无囊膜的等轴粒子。病毒悬浮于水溶液中在20℃条件下可生存6个月，在蜂尸中能保持毒力达2年之久，尸体表面的病毒在4℃条件下几天就失去活力，加热至90℃时30秒钟即可杀死病毒。

2. 症状　慢性麻痹病多在春、秋两季发生，春季发病时，病蜂表现腹部胀大，不能起飞，在地上乱爬，行动迟缓，扎堆颤抖。而秋季发病的病蜂身体瘦小，头尾变黑，身体颤抖，由于被健康蜂拖咬和驱逐，身体绒毛脱光而变得油光发亮。这两种症状有时在同一群里同时发生，但以一种症状为主。病蜂多集中在框梁上面或蜂箱底部，巢脾的边缘处有病蜂颤抖着爬出箱外，死亡率很高。

急性麻痹病多在夏、秋季气温较高时发病，特别是强群最容易感染急性麻痹病，在症状还没有明显出现时，病蜂已发生异常迅速的死亡，甚至在2～3天连蜂王一起全群死光。

3. 流行病学　本病主要通过病蜂的活动传播。在病蜂蜜囊内有多达100万个以上的病毒粒子。蜜蜂进行采集、酿蜜、饲喂等活动时，通过唾液将病毒粒子传给健康蜂。

4. 诊断　本病根据症状可做出初步诊断，确诊需进行电子显微镜检查和血清学诊断。

（1）电子显微镜观察　取一定数量的病蜂，加适量蒸馏水、四氯化碳和乙醚制备成乳浆，用纱布过滤，滤液经差速离心和蔗糖密度梯度离心，提纯病毒。用病毒液制片，经负染后置于电子显微镜下观察进行确诊，若发现有长短不一的椭圆形病毒粒子即为慢性麻痹病病毒，若呈圆形就是急性麻痹病病毒。

（2）血清学诊断　常用的有琼脂免疫双扩散法、对流免疫电泳法和酶联免疫吸附法。

5. 预防 在病情较轻时可选择健康、优质、高产的蜂王换掉病王,补充饲喂花粉、奶粉、豆粉、少量维生素等营养物质,以增强蜂群的抗病力和繁殖力,壮大群势,尽快使蜂群康复。当病情严重时,只能杀灭淘汰病蜂群,以控制和减少传染源。

6. 药物治疗 将升华硫撒在蜂路和框梁上驱杀病蜂,可以控制本病。每群每次用 3～4 克,每隔 7 天用药 1 次,连用 3 次为 1 个疗程。

每千克糖浆(糖∶水=1∶1)中加盐酸吗啉胍(病毒灵)5～7 片,调匀后喂蜂,每框蜂每次用 25～50 克,每 2～3 天喂 1 次,连喂 7 次。

国外曾试用核糖核酸酶治疗蜜蜂麻痹病,据报道效果很好。在我国,由于核糖核酸酶价格昂贵,不宜推广应用。

(五)蜜蜂孢子虫病

蜜蜂孢子虫病又称蜜蜂微粒子病,是在成年蜂中流行较为广泛的消化道传染病。本病在欧洲、美洲许多国家都普遍发生,在我国东北地区发生较为普遍且病情严重,其他亚洲国家也有发生。蜂群中不仅工蜂会患病,连雄蜂、蜂王也会被传染而发病。

1. 病原 蜜蜂孢子虫病是由蜜蜂微孢子虫引起,它寄生于蜜蜂中肠的上皮细胞内,以蜜蜂体液为食发育和繁殖,孢子虫有 2 种生殖形态,即无性裂殖和孢子生殖。

孢子虫在蜜蜂体外以孢子的形态存活,孢子长 4～6 微米,宽 2～3 微米,呈长椭圆形,表面被孢子膜包围,膜厚度均匀、表面光滑且有高度折光性,孢子内部具有 2 个细胞核,2 个明显的空泡位于孢子的两端,还有 1 条细长的极丝,长 220～400 微米,孢子膜前端有 1 个胚孔,极丝通过胚孔伸出侵入细胞内。

实验证明,蜜蜂孢子虫对各种日龄的蜜蜂都有感染力,被感染时间越长受害越重,被感染 86 小时以后蜜蜂的中肠上皮细胞几乎被孢子所充满。

蜜蜂孢子虫的孢子对外界不良环境适应力很强，在蜜蜂粪便中可存活 2 年，在 58℃温水中可存活 10 分钟，在 4%甲醛溶液(25℃)中能存活 1 个小时，在 2%氢氧化钠溶液中(37℃)仅能存活 15 分钟，在 1%石炭酸溶液中只需 10 分钟即可将其杀死。

2. 症状　患病蜂腹部膨大，因此常与麻痹病、下痢病相混淆。我们经过多年观察研究发现，患病的意大利蜜蜂腹部多不膨大，反而身体瘦小。患病初期症状不明显，随着时间的推移，病蜂逐渐表现出行动迟缓，不能飞，趴在巢脾的框梁上，集中在巢脾的下面或箱底部，多数病蜂在巢门前的场地上无力地爬行。典型症状是病蜂腹部末端呈暗黑色，第一、第二节背板呈棕黄色略透明。患病蜜蜂中肠呈灰白色，环纹模糊，失去弹性。健康蜜蜂中肠呈浅褐色，环纹清楚，弹性良好。

3. 诊　断

(1)蜜蜂检查　取病蜂的中肠进行处理后，用其沉淀物涂片镜检，若发现有较多的呈椭圆形并有蓝色折光孢子时即可确诊为孢子虫病。

(2)蜂王检查　取病蜂群的蜂王，将其扣在白纸上待其排便后再送回原群。取适量粪便做涂片镜检，观察有无相关病原。

(3)蜂蜜检查

①涂片镜检　取待检蜂蜜 1 份，用无菌水稀释 1 倍，涂片镜检，观察有无相关病原。如果发现有明显的病原体，即表明蜂蜜已被蜜蜂孢子虫严重污染。

②沉淀法　取待检蜂蜜 1 份，无菌水 9 份，以 2 000～3 000 转/分离心 10 分钟，去上清液，取其沉淀物涂片镜检，若有病原体，说明被检蜂蜜被轻度污染。

③染色法　用于鉴别蜜蜂孢子虫与其类似物。

将含有蜜蜂孢子虫和脂肪球的涂片加几滴酒精、乙醚等量混合液,待蒸发干燥后再加1滴蒸馏水,则可见脂肪球消失,而孢子虫孢子尚存。

将混有孢子虫、真菌孢子、脂肪球和花粉粒的涂片加几滴苏丹Ⅲ染色液,数分钟后镜检,可见孢子虫孢子无色,真菌孢子被染成浓淡不同的红色,脂肪球呈橙黄色,花粉粒呈蓝黑色。

4. 流行病学 孢子虫病的发生与温度关系较密切,所以具有明显的季节性变化,根据调查结果显示,在我国南方江浙地区本病发病高峰期在春季的3～4月份,夏季气温高,不适宜孢子虫的发育繁殖,孢子虫病的发生则急剧下降,此时病情处于隐藏阶段,病蜂也无症状表现。华北、东北、西北地区发病高峰出现在4～6月份,华南地区发病高峰出现在2～3月份。北方地区晚秋季节气温低,孢子虫病的发生也降至最低点。

冬季蜂巢内潮湿,蜂群越冬饲料不良,尤其是在含有甘露蜜的情况下,可引起蜜蜂消化不良,促使孢子虫病的发生。在发病群内任何日龄的蜜蜂都可以被感染,但不管染病多么严重的蜂群,其幼虫和蛹都是安全无恙的。在蜂群中工蜂被感染最多,通常发病率在10%～20%,甚至更高。

5. 预防 越冬饲料中不可混有甘露蜜,越冬场地要背风、向阳、干燥。春季蜂巢要保温透气,若发现蜂王患病应及时更换。

对患病严重的蜂群立即换箱换脾,换下的蜂箱可用喷灯火焰消毒,巢脾可用甲醛熏蒸法进行消毒。

6. 药物治疗

(1)酸饲料　每千克糖浆加入柠檬酸1克或3～4毫升醋酸,每隔3～5天饲喂1次,连用3～4次。也可用山楂干500克加水5升,煮烂去渣后,再按1∶1的比例加糖后按上述方法喂蜂。

(2)甲硝唑　在每千克1∶1糖浆中加入甲硝唑2～3片,调匀后按每框每次用25～50克剂量饲喂,每隔2～3天饲喂1次,连喂3～4次。甲硝唑对孢子虫病的治疗效果较好,但为了确保蜂产品中没有药物残留，故在大流蜜期时不要使用。

(六)白垩病

白垩病又称石灰质病，是由蜜蜂球囊菌引起蜜蜂幼虫死亡的顽固性真菌传染病。

1. 病原 白垩病的病原是蜜蜂球囊菌。蜜蜂球囊菌的孢子呈球状，其直径为30～100微米，壁薄，呈半透明状，内有孢子球，其直径为8～15微米，球内有呈椭圆形或肾形的孢子。大小为2.5～1.25微米。蜜蜂球囊菌的孢子具有很强的生命力，在干燥状态下可存活15年之久。

2. 症状 白垩病的典型症状是死亡幼虫多呈干枯状，尸体上布满白色、灰色或黑色的菌丝附着物。幼虫尸体无臭味、无黏性、易取出，常被工蜂拖出巢房散落在箱底或巢门前。患病幼虫多是化蛹前的大幼虫，又以雄蜂幼虫为多，其病蜂房房盖有大的穿孔，从孔洞中可看到形似白石灰状的病死幼虫。

3. 诊断 可以根据白垩病的典型症状确定。

4. 流行病学 病害主要通过孢子传播，实验证明，蜂花粉是主要的传染源，当蜜蜂食入带有蜜蜂球囊菌孢子的蜂蜜后就会引起白垩病。转地放蜂或违反管理操作规则，将病群的巢脾与健康群进行互换调整等都会引起白垩病的发生与扩散。

5. 预防 加强蜂群管理，选择抗病力强的蜂群育王繁殖，增强群势。奖励饲喂无病菌的饲料，以增强抗病力。

发现病情及时处理，换箱换脾，全场消毒，保持蜂场干燥、通风、向阳。

6. 药物治疗 制霉菌素1片(50万单位)，用38℃～40℃热水溶解后，加入1千克1∶1糖浆，混匀后喂蜂，每框用100～150毫升药物糖浆，每隔3～4天喂1次，连喂3次。制霉菌素溶解后加入花粉中制成花粉饼喂蜂也可以达到治疗效果。

(七)蜂　螨

大、小蜂螨都是蜜蜂的体外寄生虫,对西方蜜蜂危害严重,而中华蜜蜂对它有抵抗性,基本不受其害。

1. 病原　大蜂螨雌虫体呈横椭圆形、棕褐色,成年大蜂螨体色为枣红色。刺吸式口器,4对足较短粗并在其末端有吸附器,所以大蜂螨可以附着在幼蜂体上不动。它常将自身的前半部附着在幼蜂腹部前半部的背面或侧面的节间膜柔软处,随其出房并以吸食蜜蜂的体液生存。西方蜜蜂身上的大蜂螨将会跟随它一生,而且寄生数量少则1只,多则3～4只;而中华蜜蜂出房后很快就会用前足和中足将其清除甩掉,因而不受其害。大蜂螨的个体发育繁殖都在封盖房内进行,成年雄性大蜂螨交配后即死亡。

经观察发现,成年蜂螨在蜂蛹即将封盖时侵入蜂房,封盖后2天开始产卵,第三天发育成前期若螨,到第七天成为后期若螨,大蜂螨在巢房内繁育共需8天左右。成年大蜂螨的平均寿命为44天,最长为55天。而在北方地区漫长的冬天,大蜂螨是在蜂体上度过的,可存活3个月以上。

雌性小蜂螨虫体呈卵圆形、棕黄色;雄性小蜂螨虫体呈长卵形、浅棕色。小蜂螨寄生在子脾上以吮吸封盖子蜂蛹的体液存活。小蜂螨具有趋光性,提出巢脾在日光下可看见小蜂螨在巢脾上迅速爬行。小蜂螨繁殖力强,发育周期比大蜂螨短,从卵到成虫只需要5天左右,因此小蜂螨对蜂群的危害更大。

小蜂螨于5～6月份开始出现,8～9月份达到高峰。在南方地区,蜂群没有断子期或断子期很短,所以全年都可在蜂群中的巢脾上找到小蜂螨。北方地区冬季断子期长,很难在蜂群中找到它。

2. 症状　大、小蜂螨都要靠吮吸封盖子蜂蛹的体液繁殖存活,造成蜂蛹营养不良、发育不全或翅膀残缺不能飞。当蜂螨危害严重时,在蜂场地上经常可以见到身体瘦小、翅膀残缺卷曲的病蜂爬行。由于大蜂螨成虫期一直寄生在蜂体上吮吸其体液，致使蜜蜂体质下降、寿命缩短、采集力下降。蜂螨危害严重时巢内的封盖老子脾的房盖凹陷、穿孔，蜂蛹死亡(图 9-4)。若是大、小蜂螨同时危害蜂群，若防治不力将会造成全场蜂群所剩无几，损失巨大。

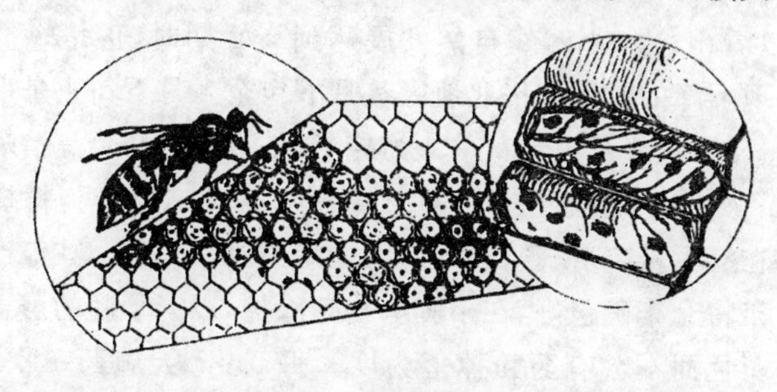

图 9-4　蜂螨危害状

3. 流行病学　大、小蜂螨主要通过盗蜂、迷巢蜂、人为管理不当(如将没经过治疗处理的被蜂螨危害的子脾调入健康群)而传播。

4. 生物学防治　根据大、小蜂螨的生活习性和消长规律，在蜂群管理上采取适当的措施。如可在北方地区培养越冬蜂之前(一般在 7 月 19 日左右)禁闭蜂王 20 天使其停产，而南方地区则在越夏时让蜂王停产断子，然后在这期间进行彻底的药物治疗，利用蜂群内的断子期治螨效果最好。

大蜂螨喜欢在雄蜂房内产卵繁殖，故可在全场蜂群中选择 1～2 群采集力强、抗病力强的蜂群为父群，用新的雄蜂脾让蜂王产卵培养雄蜂，在检查蜂群时将各群中所有巢脾上的雄蜂蛹房及雄蜂空房全部割掉以减少利于蜂螨繁殖的地方，降低蜂螨的寄生率。

在蜂群繁殖季节，群势较强，螨害严重时可提出封盖子带蜂组成新分群，在原群没有封盖子的时间段内治疗几次，清除杀死蜂体和巢脾上的蜂螨。2 天后给分出群诱入一只王台或蜂王，待其幼蜂全部出房后再用药物治疗几次。这样，新分群成为独立的新群，如果原群蜂王老劣,可将其淘汰后与新分群合并。

5. 药物防治

(1)升华硫　是一种黄色粉末,在一定温度下能自然升华,是防治小蜂螨的特效药,对封盖房内的大、小蜂螨均能杀灭。从图9-5可以看出,大、小蜂螨自然发展达到高峰期时,正是蜂群自然发展出现下降的时期。华北地区7月下旬至8月下旬正是荆条花期大流蜜结束、蜂群进入秋季人为控王断子的时期,也是治螨的最佳时期。如北京地区可在7月22日至8月20日期间,将蜂王用王笼扣在有少量空房、蜜、粉的脾上让蜂王停产20天,在停产期间用细纱布将升华硫包好,在子脾上均匀涂抹,以老子脾的房盖表面出现微黄色而不会有药粉掉落为度。每5～7天施药1次,连用2～3次。注意涂抹时不要用力过大,以免损坏封盖房的房盖,影响蜂蛹的发育;也不可施药过多,药量过大会使蜂轻微中毒从而抑制蜂王产卵,工蜂也会不再哺育幼虫,使得越冬蜂的繁殖受到很大影响,甚至影响翌年生产。因此,一定不能用药过多。

放开蜂王以后,用双甲脒针剂,按使用说明要求加水稀释后灌

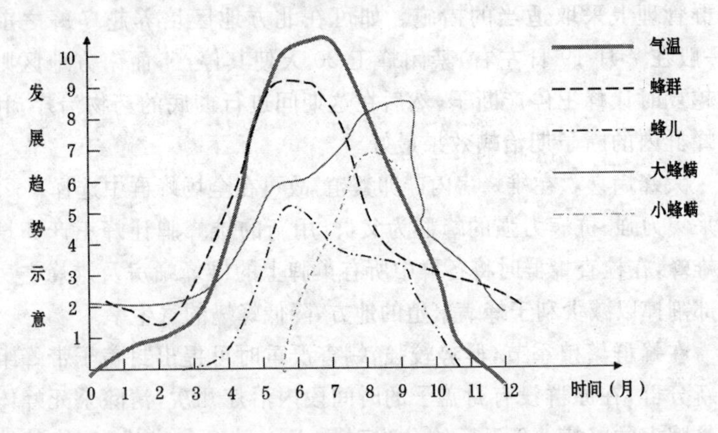

图9-5　大、小蜂螨发展规律与蜂群发展的关系

入喷雾器，将蜂脾提出从侧面向蜂脾喷药，喷过一面后反转过来，再喷另一面，直到箱内所有蜂脾全部被喷上药，使蜜蜂体表呈现一层雾状物为度。然后再向箱底、箱壁、隔板、隔王板、盖布等处喷药。每隔 4 天喷 1 次，连续喷药 2 次。

用这种断子与药物相结合的治疗方法治螨最彻底，不仅能保证蜜蜂正常的秋季繁殖，使越冬蜂群强壮，又能保证蜂群安全过冬，不用担心翌年再受蜂螨危害，为全年养蜂生产打下良好基础，所以掌握断子期治螨是养蜂成败的关键。

(2)螨扑(氟胺氰菊酯)　是将药液浸入木片而制成，使用时用铁钉穿上药片，将其悬挂在蜂群内两侧的第二条蜂路，在对角的位置各悬挂 1 条。加继箱的强群在上、下各位置上各挂 1 条，单箱的弱群挂 2 条即可。螨扑放入蜂箱后，会慢慢向外释放药物，不会与蜂产品直接接触，因此对蜂产品没有污染，且使用方便、省工省时，是目前使用较多的高效、安全的杀螨剂。但是近年来由于长期使用螨扑治螨，蜂螨对其已产生一定的耐药性，降低了螨扑的治疗效果，因此在防治蜂螨时需要准备另外的杀螨药交替使用，以提高螨扑的药效。

(3)双甲脒　是一种杀螨药剂，使用时按产品说明书将药物原液按一定比例加水稀释，用小喷雾器喷于蜂脾，每面喷 3～4 下，以使蜂体均匀附着一层细雾滴为度，雾滴越细越好。每隔 3～4 天用药 1 次，连用 3～4 次为 1 个疗程。治疗时应选择气温在 10℃以上、无风晴暖的天气。喷药后，蜜蜂能够飞翔活动，对蜜蜂安全，治螨效果也较好。

由于目前蜂螨对治螨药物有了一定的耐药性，有些养蜂员怕治螨不彻底，往往使用浓度较高的药物，造成药害，使蜜蜂中毒，寿命缩短，群势下降，影响蜂群的繁殖和生产。因此，应严格按照药物使用说明操作。

(4)强力巢房熏蒸杀螨剂　有效成分为甲酸，是可以杀灭封盖房内大、小蜂螨的高效药剂。

在施药时可先将各群内的封盖子脾(不带蜂)全部提出并做上记号,集中放在空继箱内,每个箱内放7～8张。每个继箱用药1支(10毫升),在巢脾的框梁上放置一块长15厘米、宽20厘米的塑料膜,在其上放置几层吸水纸后将药液均匀滴上。然后把放好药的继箱每4～5个摞成一垛,再用纸条将各箱之间的缝隙封严,最上面用塑料膜封盖严密,最下边用泥土封严,在密闭条件下熏蒸4～5小时后打开,把子脾送回原群。另外,在封盖子熏蒸治疗的同时,对提出封盖子脾的蜂群用高效杀螨剂进行喷蜂脾杀螨,这样可以达到较为彻底的治疗效果。

在使用强力巢房熏蒸杀螨剂时,要注意以下几点:①气温在20℃以上才能使用,否则蜂子会受凉;②外界没有蜜源,容易引起盗蜂时不宜采用;③未封盖的大幼虫和正在出房的幼蜂不宜熏治。

(八)蜜蜂螺原体病

蜜蜂螺原体病是由一种个体比细菌小但比病毒大的螺原体引起的。我国在20世纪90年代,从患有爬蜂病的病蜂体上分离出螺原体并进行感染实验,证明螺原体对蜜蜂有致病性,爬蜂病的病原中有相当一部分是螺原体,而且常与其他病原混合感染发病,如孢子虫病、麻痹病等。

1. 病原 螺原体是一种形态呈螺旋状、能运动、无细胞壁的原核生物,一般最适宜生长的温度为32℃,在其最适宜生长的条件下48小时达到生长高峰,此时菌体数最多、活动性最强、进入稳定生长期,60小时后进入衰亡期。

2. 症状 蜜蜂螺原体主要感染采集蜂,患病蜜蜂爬出蜂巢,行动缓慢,不能飞,数只病蜂聚集在草丛或土坑内死亡。死亡蜂双翅展开,吻吐出,形似中毒但又不在地上旋转翻滚。蜂群内情况基本正常,若与孢子虫病或麻痹病混合感染,病情就会十分严重,死蜂遍地，群势迅速下降。由于本病极易与其他成年蜂蜂病混合感染，因此病蜂肠道症状复杂，但都能检测出螺原体。

3. 诊断　蜜蜂螺原体病的诊断包括显微镜检查和血清学检测。

（1）显微镜检查　取病蜂肠道置于研磨器中研磨，之后置于离心机中，以 4 000 转/分离心 5 分钟，取上清液滴于玻片上，盖上盖玻片置于高倍相差显微镜下观察，可看见头向上微微晃动的螺原体。

（2）血清学诊断　由于蜜蜂螺原体抗原与抗体血清制备较为复杂，此处不做具体叙述。

4. 流行病学　蜜蜂螺原体病在我国各地蜂群中均有发生，于 1988 年首先在浙江省开始，随后迅速蔓延至江苏、四川、江西、安徽、湖南、湖北、河南、河北、宁夏、辽宁、山东、吉林、内蒙古、福建、陕西、北京、天津等省、自治区和直辖市。从 18 个地区送检和采集的病蜂样品中，螺原体的检出率为 90%以上，表明凡是定地饲养的蜂场，蜂群发病率低、病情轻，而长期转地放蜂的蜂场发病率高、病情重。

1991 年的调查结果则证明，福建省的蜂场大多采取定地或小转地方法放蜂，螺原体的检出率为 17.1%。浙江省大多数蜂场以转地放蜂为主，发病率为 94.4%。长途转运会使蜂群抵抗力下降，病原菌传播的机会增加，从而造成发病率高、病情重。

另外，蜂群常年连续生产蜂王浆，蜂群负担重、消耗大、蜜蜂体质下降、抗病力下降亦可导致发病率高、病情重。

蜜蜂螺原体病的流行规律主要是跟随蜜源植物花期，随着自然气候和温度的变化，由南向北逐渐改变。目前，我国养蜂业仍以“追花夺蜜”为准则，从南到北、从东到西常年转地放蜂，本病高发期在南方地区为 4～5 月份，正是油菜、龙眼、荔枝等花期；在北方地区则是 6～7 月份，正是刺槐、荆条开花期。目前，我们已从十几种花上分离培养到了螺原体,而且感染实验证明,这些花的螺原体对蜜蜂具有致病性,但花螺原体与蜜蜂螺原体病之间的关系还有待进一步研究。

5. 预防 蜜蜂螺原体病单独发病的情况很少,所以应采取综合措施进行预防。

(1)加强饲养管理 保证全年蜂巢内都存有优质、适当、充足的饲料,每1～2年更换1次蜂王,适时加巢础造新脾,淘汰2年以上的老旧脾并及时化蜡。注意奖励饲喂,保持强群,增强抗病力。

在生产季节取蜜,不能一扫而光,生产蜂王浆不能无休无止,不能用掠夺式的方法进行养蜂生产。

(2)药物治疗 蜂病应掌握发病规律,时刻注意观察,早发现、早治疗。以预防为主,为避免蜂产品被药物污染,生产季节不能随便用药,特别是抗生素,更不能使用。

现介绍几个治疗方案供选择:①水溶性诺氟沙星1克,甲硝唑1片(0.2克);②米醋50毫升,甲硝唑2片(0.4克),土霉素20万单位;③吗啉胍2片,醋酸10毫升,土霉素20万单位。将以上配方中的药物均分别研成粉末,放入2千克1∶1糖浆中混匀,每群蜂饲喂250毫升,一般连喂5～7天为1个疗程,停药4～5天后再连续用药直至痊愈。

(九)蜡 螟

又称蜡蛾,属鳞翅目、螟蛾科、蜡螟亚科。蜡螟的幼虫又称巢虫、绵虫、隧道虫。蜡螟是全变态昆虫,从卵孵化为幼虫(巢虫),再化为蛹,最后羽化为蜡螟成虫,而且各虫期的长短随季节变化有很大差别。

蜡螟的幼虫在巢脾上穿蛀隧道,毁坏巢脾,使蜜蜂的幼虫和蜂蛹不能正常发育,成为白头蛹而死亡,严重时甚至造成蜂群飞逃(图9-6)。

图 9-6　巢虫(蜡螟)危害状

无论大蜡螟还是小蜡螟，它们完成 1 个世代都需要60～80 天，在 1 年之内可以相传完成 3 个世代。

通常蜡螟都是在蜂箱的缝隙、箱底的蜡渣和蜂巢中的破旧老巢脾上产卵，以巢脾、蜡渣为食，所以库房里存放的蜂箱、巢脾、蜡渣等也都是蜡螟繁育、生存的好地方。

当气温在 9℃以下时，巢虫进入休眠期(蜡螟以幼虫越冬)，气温升至 13℃以上时即开始活动。蜡螟一般在 3～4 月份开始活动，通常白天不活动而在晚上活动，在晚上交配，然后潜入蜂箱产卵。

1 只大蜡螟每昼夜可产卵 100～900 粒或以上，最多可达 1 800 粒。雌性蜡螟寿命为 10～14 天，卵期 8～23 天，幼虫期 27～48 天，蛹期 9～23 天，成虫期 9～44 天。刚孵化出的幼虫，其体长只有不足 1 毫米，可以迅速地钻进巢脾，蛀隧道将子脾的房壁、房盖打通，使蜜蜂的虫蛹不能正常发育而出现白头蛹。

小蜡螟卵期 4 天，幼虫期 42～69 天，蛹期 7～9 天。雌性比雄性寿命长 1～2 倍。

小蜡螟的幼虫非常小，其成虫的体长也只有 0.25 毫米，比大蜡螟刚孵化出的幼虫还要小很多，它们整个幼虫期都在蜜蜂的巢脾、子脾上进行破坏，所以小蜡螟比大蜡螟对蜜蜂的危害更大。

蜡螟是以幼虫过冬的，那么在蜂群准备越冬时就应将其生存场所清除。将淘汰的老旧破烂巢脾及蜡渣化蜡，储备的优质巢脾应进行密封消毒，对蜂场、蜂箱进行彻底清扫消毒。为断绝蜡螟的危害，平日应结合检查蜂群注意清理蜂箱、搜集蜡渣、更换淘汰老旧脾，并及时进行化蜡处理，以切断蜡螟的繁育基地。另外，有报道称，在－7℃以下停留 5～10 小时可将各虫期的蜡螟杀死。因此,可利用北方冬季低温天气保存备用巢脾,效果也很好。

强群可以将白头蛹清除,把较大的巢虫赶下巢脾,但对小巢虫却没有作用,如果此时还不进行人为清理,任其发展使危害更加严重时,就会发生蜂群飞逃。

药物防治可用96%甲酸蒸气,对巢虫有较强的杀伤力。方法可参照“蜂场消毒”中的相关内容。

第十章　蜜蜂产品的成分及功能

蜜蜂的产品有蜂蜜、蜂王浆、蜂花粉、蜂蜡、蜂胶、蜂毒、幼虫、蛹以及蜜蜂的身体和蜂巢。蜜蜂的这些产品都有着广泛的用途和较高的经济价值。

一、蜂　蜜

蜜蜂采集的花蜜、蜜露和甘露，经过充分的酿制，成为成熟的蜂蜜。其主要成分是葡萄糖和果糖，占蜂蜜总量的65%～80%，其次是水分，占16%～25%，蔗糖含量不超过5%，还含有少量的麦芽糖、多糖、蛋白质、维生素、酸类、酶、色素和芳香物质。无机盐含量占0.04%～0.06%，其中有钙、磷、氯、镁、钾、钠、硫、铁、铜、锰、硅、镉、碘、铅、铬、钴、镍、锌、硒、锡、钛、硼、锇等20多种。蜂蜜所含酶类有转化酶、淀粉酶、葡萄糖氧化酶、过氧化物酶和酸酯酶等，由于蜂蜜中有这些酶类才有了活性，这些酶在温度超过60℃时就失去了活性。因此，把结晶蜜加热到70℃以后就不再结晶了，但也失去了活性酶。因不同植物的花蜜有着不同的成分，其结晶核不同，所以来自不同蜜源植物的蜂蜜，其结晶性状也各不相同。总之，蜂蜜的结晶是物理变化而非化学变化，所以其成分、营养不受影响，而且便于贮存和运输。

蜂蜜除食用之外，还有医疗效果。常服蜂蜜对气管炎、肝病、便秘、心脏病、贫血、胃病及十二指肠溃疡、高血压、失眠、动脉硬化、肺病、痢疾、眼病、关节炎等疾病均有治疗效果或辅助治疗作用。

烟草业消耗蜂蜜量是很大的，全世界每年要消耗2 000吨左右。蜂蜜在其他方面的应用也越来越广泛,如日用美容化妆品方面、生物技术方面等都有应用。

据报道,蜂蜜是目前世界上唯一不会腐烂变质的食品。在埃及金字塔古墓中发现一坛距今已有 3 300 多年的蜂蜜,经检验鉴定,没有变质,仍可食用。所以,优质自然酿制成熟的蜂蜜,久置不会变质。当然,掺假的或劣质的、不成熟的蜂蜜,那就另当别论了。

蜂蜜具有杀菌能力,它可以杀灭口腔、胃、肠道中的病菌。因此,它能预防和治疗婴幼儿便秘、痢疾等消化系统疾病,并能增强婴幼儿对疾病的抵抗力。

由于蜂蜜中含有大量的葡萄糖和果糖,可以被人体直接吸收,对血糖影响很大,病情不稳定的糖尿病患者还是少吃或不吃蜂蜜为好。

二、蜂王浆

蜂王浆是适龄蜜蜂头部王浆腺分泌的乳浆。工蜂出房后 7～16 天,其头部的王浆腺发育最好,分泌的乳浆——蜂王浆量最多,其质量也最高,相当于人类 25～28 岁适龄母亲的乳汁。蜂王浆中含有 62.5%～70%的水分,11%～14%的蛋白质,14%～17%的糖类,6%的脂类。蜂王浆中的干物质占 30%～37%,经鉴定含有 8 种人体必需氨基酸。蜂王浆中维生素的种类与含量不稳定,主要有维生素 B_2、维生素 B_6、维生素 B_1 及生物素、烟酸和叶酸。蜂王浆中的脂类物质主要是脂肪酸,有 26 种之多,对人体影响最大的是王浆酸即癸烯酸。蜂王浆中的无机盐主要有钾、钙、铁、锌、铜等。蜂王浆中的生物活性物质很多,其中主要是酶类和激素类。酶类主要有抗坏血酸氧化酶、葡萄糖氧化酶、胆碱酶和磷酸酶等。

蜂王浆是纯天然的绿色保健营养品,它对人体组织功能的调节作用非常复杂,引起医药界的高度重视。对于某些垂危病人或用药物治疗无效的患者，应用蜂王浆治疗，效果较好。王浆酸对癌细胞有抑制作用，并对提升白细胞数量有辅助作用。蜂王浆对糖尿病、肝病、肠胃病、心脑血管病、妇女内分泌失调、红斑狼疮、牛皮癣等顽固性慢性病有辅助疗效。

蜂王浆除食用之外，还在化妆品上应用较广，含蜂王浆的护肤用品种类很多。

三、蜂花粉

蜂花粉是蜜蜂采集虫媒花植物的花蜜时采到的植物花粉经蜜蜂用唾液粘在一起形成的花粉团。植物的花粉是植物的雄性细胞，当蜜蜂采集花蜜时将其带到植物的雌性器官——花的雌蕊上，协助植物进行繁衍。所以，花粉是植物的根源，同时它也是蜜蜂生长发育不可缺少的粮食。为了生存，蜜蜂在采集花蜜的同时大量采集花粉，并用唾液将植物花粉粘在一起成为蜂花粉团。蜂花粉与植物花粉的区别就在于蜂花粉含有蜜蜂唾液中的活性酶。

蜂花粉的成分丰富，其中含水分 30%～40%，经干燥处理后含水分 5%以下，含 20%左右的蛋白质和多种氨基酸，包括人体所需的全部必需氨基酸，其含量比牛肉、鸡蛋和干酪高 3～5 倍。蜂花粉的干物质中有 1/3 是葡萄糖、果糖、蔗糖和淀粉及纤维素。蜂花粉中脂类约占 8.5%，其中不饱和脂肪酸占脂类总量的 60%～91%，远比其他动植物脂类中含量高。花粉中磷脂含量高达 1.85 克/100 克，它是细胞膜的组成成分，对促进大脑的发育和维持神经系统的正常功能具有重要作用。花粉中的微量元素种类多，含量丰富，人体需要的 8 种微量元素铁、锌、铜、锰、铬、钴、硒、碘都有。蜂花粉也是维生素的天然浓缩体，其中 B 族维生素含量最丰富，包括维生素 B_1、维生素 B_2、维生素 B_6、泛酸、烟酸、生物素等，还有维生素 C、维生素 E 及胡萝卜素等。蜂花粉中酶类有 90 种，其中淀粉酶、转化酶、纤维素酶、蛋白水解酶和葡萄糖氧化酶含量丰富。还含有磷酸单脂酶、磷酸二酯酶和磷酸酶等人体所需的酶类。蜂花粉中黄酮类化合物的含量也极为丰富,但是不同植物花粉的总黄酮含量不同,差异很大,含量最高的达 9%,而低的只有 0.12%。蜂花粉中除含有上述成分外,还含有多种生物活性物质,其中绿原酸和三萜烯酸,不仅具有抗炎作用,而且在影响肾功能、调节甲状腺功能、促进创伤的愈合、强心和抗动脉粥样硬化等方面起着重要的作用。

蜂花粉的医疗作用很广。它可治疗便秘、抗癌、降低血脂,防治心脑血管疾病,治疗贫血症,还可以抗辐射。蜂花粉对于神经系统疾病的疗效也很好。蜂花粉是天然的全营养素,对人体有特殊的营养保健功能,其生物活性物质可以对机体组织细胞的修复保健提供保障,对各个器官系统的生理活动有调节作用。所以,蜂花粉既有广泛的医疗辅助作用,又可让人变得更美丽。

四、蜂 毒

蜂毒是蜜蜂体内毒囊的分泌物,是蜜蜂的防卫武器。其成分主要是多肽类物质,占蜂毒干物质的 70%～80%。含酶类物质有 55 种,其中主要是透明质酸酶和磷脂酶 A_2,还含有酸性磷酸酯酶、碱性磷酸酯酶、四碳和六碳脂肪酶、甘氨酰-脯氨酸芳香基酰胺酶以及β-氨基葡萄糖苷酶等。蜂毒中存在着多种生物胺类,有胱氨酸、谷氨酸等游离氨基酸。还有磷酸、乙酸、苯甲酸和苯甲醇等物质。蜂毒可治疗风湿病、类风湿病。

五、蜂 胶

蜂胶是蜜蜂采集的树胶经口器加工后的产物。其成分有

55%的树脂和树香,30%的蜂蜡,10%的芳香挥发油和5%的花粉混合物。

蜂胶所含的化学成分主要有黄酮类、黄酮醇类和双氢黄酮类、酸类化合物,主要包括苯甲酸、对羟基苯甲酸、肉桂酸、醇类、萜、烯类、酚、醛、酮、酯、醚类、维生素 B_1、维生素 B_2、维生素 B_6、烟酸、维生素A原及多种氨基酸、酶类、多糖、甾类化合物,还含有铝、铁、钙、硅、锶、铜、锰、锌、钴、铅、镍、钒、锡、钡、钛等30多种矿物元素。

蜂胶是一种广谱抗菌剂,也是强抗氧化剂,还有防腐作用。因此,它对真菌、细菌有抑制作用,对癌细胞也有抑制作用。蜂胶具有消炎、镇痛、除臭、软化角质、局部麻醉和促进创伤愈合等功效,对带状疱疹有明显的抑制作用。

六、蜂 蜡

蜂蜡是蜜蜂腹部4对蜡腺分泌的蜡液,遇空气后便凝固成蜡片。其主要成分是单酯类和羟基酯类、胆固醇酯、游离脂肪酸、游离脂肪醇、饱和脂肪酸、碳氢化合物、水和无机盐。

蜂蜡在医药上使用广泛,可用于理疗,是生产中药丸药、润滑剂、膏药和软膏的原料。在农业上可用作树木的嫁接蜡和杀灭害虫的黏着剂。在机械工业上用作防锈防腐剂、润滑剂的材料。另外,在化工业、印染业和食品加工业中也都有广泛的应用。

七、巢 脾

蜜蜂的巢脾主要由蜂蜡、蜂胶和蜂儿吐丝结茧的茧衣组成。从旧巢脾中可提取促进农作物生长的三十烷醇,也可以制成治疗鼻窦炎的药剂。

八、幼虫和蛹

蜜蜂的幼虫和蛹含有较高的蛋白质,可以制成高级营养补品。就是蜜蜂死后留下的尸体,也可以把它们焙干后配以黄酒治疗老年性气管炎。

随着人们生活水平的不断提高,对美容护肤品开始追求自然,纯天然的美容剂应属蜂产品。一般来说,每一种蜂产品都有一定的护肤作用,但是着重点不同:蜂蜜可营养皮肤,保持皮肤水分;蜂王浆能增加人体的生机与活力,减少皮肤上各种色素的沉着;蜂花粉可减少皮肤皱纹,延缓皮肤衰老;蜂胶具有抗菌消炎作用,能防治各种皮肤病,尤其是对油性皮肤有很好的保护作用;蜂蜡的作用是软化皮肤,防止皮肤干燥。人们了解了蜂产品的功能特性,可根据自身情况进行调制。蜂产品如能恰当地与其他原料合理配合使用,则效果会更佳。

附录　蜂产品的感官鉴别

蜂产品的种类很多,有蜜蜂从自然界中采集并加工来的,如蜂蜜、蜂花粉、蜂胶等;有蜜蜂体内的腺体分泌物,如蜂王浆、蜂毒、蜂蜡等;有蜜蜂用其采来和分泌的东西进行再加工而得的副产品,如蜂粮、蜂巢;还有蜜蜂自身——虫、蛹及蜂尸。

现在市场上销售的蜂产品种类很多,五花八门,问题也不少,需要对它们的质量和真伪进行识别和鉴定。虽然国家有相关的专业检测部门按国家检测标准对市场产品进行监督检查,但总有漏网之鱼混在其中。特别是没有商标的散装商品更不保险。为了能让广大消费者采购到蜂产品真品,防止上当受骗,这里将主要蜂产品——蜂蜜、蜂花粉、蜂王浆等的感官识别方法介绍如下。

一、蜂蜜的感官识别方法

(一)从气味上识别

打开蜂蜜桶盖就能闻到清馨甜蜜的气味,不同的花蜜有不同的花香味儿。但是无论是何种花的蜂蜜都会有蜂蜜的独特甜香味,它不同于其他甜味品、糖类等的气味。如果不是纯正蜂蜜,掺加了糖等其他的东西,那么蜂蜜的味道就会减弱甚至消失,同时出现其他气味。

(二)从形态上识别

蜂蜜可分为液态蜜和结晶蜜。纯正的液态蜂蜜均为透明或半透明的黏稠液体,纯正的结晶蜂蜜根据花的种类不同,其结晶体有大有小,颜色也有所不同。但是,结晶体的硬度都很小很软,放在口中即刻溶化,放在两手指间揉磨,没有硬度而且很快就变得黏黏的。蜂蜜结晶初期,蜜中出现均匀的絮状物,慢慢地由液体变成糊状然后变成固态——成为了结晶蜂蜜。液态蜂蜜转变成结晶蜂蜜的过程,无论它被放置在什么容器中,均是整体变化而不会发生局部改变。

如果发现蜂蜜不是全部结晶而是分层结晶,即下边结晶而上边仍是原样,有的甚至分为3层,上面是硬壳,中间是液态,下面是结晶蜜,这有两种可能:一种说明它不是纯正的蜂蜜;另一种说明它是没有被蜜蜂酿造成熟的半成品蜂蜜,这种蜂蜜的含水量及蔗糖含量都还很高,没有被完全转化酿造成蜂蜜,所以只能称其为蜂蜜的半成品。这种蜂蜜的半成品经过炎热的夏天就会发酵,出现许多泡沫浮在蜂蜜的上层。随着温度的下降,泡沫破灭并结成硬壳浮在蜂蜜的上面。硬壳中积聚了大量的细菌和酵母菌,因此这部分不经过灭菌是不可食用的。这种蜂蜜是等外品——劣质蜂蜜。而分两层的质量要比分三层的好些,因为它没有被细菌和酵母菌污染,只是不够成熟,食用是可以的,但不能长期保存。

如果在寒冷的冬天蜂蜜仍然保持黏稠的液态而不结晶,并且仍然保持其浓厚的蜂蜜气味及花香味,这是优质的含果糖较多的成熟蜂蜜。这种蜂蜜中的结晶核小且含量少,所以不易形成结晶,只是更黏稠。另外,还有一种黏稠而不结晶的蜂蜜,有蜂蜜气味但没有花香味,它是经过加热浓缩处理过的劣质蜂蜜,其颜色较深。

(三)从浓度和透明度上识别

成熟的蜂蜜其浓度达波美比重计42度——放置在玻璃瓶中慢慢转动它会粘挂瓶壁,若用筷子插入提起会在筷子上粘挂着蜂蜜形成一个小坨并往下慢慢地流动,还会拉出一条均匀的直线。如果将粘着蜂蜜的筷子横置,筷子上的蜜汁会慢慢地拉成扇面状。

蜂蜜的浓度越高、质量越好，拉成的扇面就越大，其透明度也就越好。

如果蜂蜜不够成熟，其波美度浓度就达不到 42 度，那么，转动玻璃瓶时玻璃瓶中的蜂蜜就不会粘挂瓶壁而是像水或油一样随着转动而旋转；若用筷子插入提起，筷子上就不会粘挂着蜂蜜，而是顺着筷子迅速流下。因为这样的蜂蜜很稀，它就是那种到了寒冷的冬天便分为三层的劣质蜂蜜。

如果蜂蜜中掺入增稠剂，用筷子插入提起时会在筷子上出现小蜜疙瘩，蜂蜜下流时也不会呈现均匀的直线，而是以小蜜疙瘩为中心聚成的大小不等的蜜滴慢慢地往下滴落。在横置的筷子下方也不会出现由蜜汁拉成的扇面。这样的蜂蜜经过一段时间的放置后也会分为两层，上层的蜂蜜较清、稀，而下层黏稠。

如果蜂蜜经过加热浓缩处理，蜂蜜中的结晶核被破坏，就不会再出现结晶现象，蜂蜜颜色变深，同时其营养也丢失了。因为高温把蜂蜜中的活性物质杀死，所以损失了部分营养。但是，只要加热温度不超过 60℃其营养就不会被破坏。

二、蜂王浆的感官识别方法

（一）从色泽和状态上识别

纯正优质蜂王浆应是黏稠的浆状，有光泽、乳白色、无气泡，容器内蜂王浆的色泽应上下一致，而且不能有任何杂质。蜂王浆颜色的深浅，受蜂种和产浆（当时开花植物种类）的影响很大。由于不同种类植物花的花粉颜色有所不同，因此蜂王浆的颜色有浅黄色、浅黄绿色、浅橘黄色等。所以，只要其他条件符合标准的要求，它仍然是纯正优质的蜂王浆。

如果蜂王浆的颜色较深而且比较浓稠，说明它在蜂群中时间过长(正常生产蜂王浆的时间是56～62小时),蜂王浆已被幼虫吃掉并混入了幼虫的排泄物。这种蜂王浆的营养价值很低。

如果蜂王浆的颜色出现红色或其他杂色,说明贮存时间过长、温度过高而腐败变质或被污染。所以,这种蜂王浆只能淘汰,绝对不可食用,因为蜂王浆是高蛋白质,如若变质对人体十分有害。

如果蜂王浆失去光泽,说明因存放时间过长(2年以上),其部分营养物质也已消失,失去了作为保健品的营养价值。因此,即使在低温条件下,蜂王浆也不可长期保存。

如果蜂王浆中出现气泡或颜色不一致甚至出现霉菌,说明在取浆时有可能把幼虫的体液混入浆中,使蜂王浆中出现气泡。这种只有气泡的王浆仍可食用,但不可长期保存;另一种颜色不一致甚至出现霉菌的表明其已被污染,发酵、生霉变质,不可食用。

(二)用嗅觉和口感来鉴别

纯正优质蜂王浆应有其独特(略有酸甜气味)的清香,不得有腐败变质气味、牛奶气味或其他气味。出现这些不正常的气味,说明它已变质或掺入了其他东西。纯正优质的蜂王浆口感应是辛辣微酸的味道,对舌头的刺激较强,并有涩感,回味略有酸甜味。

如果辛、辣、酸、涩味很重,有两种可能:一是蜂王浆已变质,另一种可能是掺入了其他东西。如果辛、辣、酸、涩味很淡而甜味又太重,说明掺入了蜂蜜、蔗糖、葡萄糖等物质。

(三)用手感来鉴别

纯正优质的新鲜蜂王浆在两根手指间揉磨,感觉细腻黏滑,经过冷冻的蜂王浆在两根手指间揉磨捻动,会有细小的不坚实的沙粒感。

无论是鲜蜂王浆还是经过冷冻的蜂王浆,在两根手指间揉磨捻动的过程中没有细腻黏滑感而却有坚实感,说明掺入了其他东西而不是纯蜂王浆。

(四)含水量的鉴别

纯鲜蜂王浆含有一定的水分,其浆体黏稠不会有水分析出。冷冻蜂王浆的表层有少量冰碴,只要解冻,结成冰碴的水即返回浆内。

如果将蜂王浆放置在容器中一段时间,出现浆、水分离,说明含水量过高,也就是蜂王浆中掺入了水。用一根光滑的筷子直插入蜂王浆中轻轻地搅动然后提起,观看粘在筷子上的蜂王浆有多少以及向下流动速度的快慢:粘在筷子上的蜂王浆多,向下流动的速度慢,说明本蜂王浆的含水量符合标准要求;如若粘在筷子上的蜂王浆较少,向下流动的速度快,说明这种蜂王浆的含水量不符合标准要求。含水量过高就会出现浆、水分离。

三、蜂花粉的感官识别方法

因不同植物花粉有不同的颜色,优质单一品种的蜂花粉应颜色一致,如果颜色不一致即为杂花粉。不同植物花有不同的花香气味,并有蜂花粉独特的清香气味,没有异味。花粉团粒大小应均匀齐整,蜂花粉团是不规则的扁圆形并压印着蜜蜂后腿花粉篮的印痕。优质蜂花粉每一粒花粉团上都应有这个独特的印痕,不得有散碎花粉,不得有虫、虫卵、细菌、霉菌、杂质等。目前,蜂花粉采收后的处理常用风干法、红外线烘干法和冷冻干燥法 3 种,另外还有破壁处理法。

(一)从形态、气味和手感来鉴别

1. 风干法蜂花粉 将采收后的蜂花粉放在阴凉、干燥、通风的地方,利用自然风将其吹干后保存。这种方法操作简单,投资少,只适宜处理少量蜂花粉。此种处理方法蜂花粉容易被污染。用两手指揉捻挤压感觉有些硬度,如果用两手指轻轻挤压即粉碎,并有异味,或有丝状物将花粉团牵拉成串或集结成球的现象,说明这些花粉已被污染并已生虫发霉变质。

2. 红外线烘干法蜂花粉 将采收后的蜂花粉放在红外线烘烤箱中烘干后保存。由于红外线烘烤箱的温度较高,蜂花粉中的活性物质容易被破坏,其营养价值受到损失。而且经过这样处理的蜂花粉团粒坚硬,很难被粉碎,食用不方便。用两手指揉捻挤压感觉好似沙粒样坚硬,即是用红外线烘干法处理的。用这种方法处理过的花粉只要不受潮就比较容易贮存。

3. 冷冻干燥法蜂花粉 将采收后的蜂花粉马上放在冰柜内冻干并保存。在低温下(-18℃左右)蜂花粉的营养不会被破坏,也不容易被污染。由于蜂花粉中含有少量水分,冻干解冻后花粉团变软很容易粉碎并保持蜂花粉独特的清香气味。用两手指揉捻感觉很软,轻轻挤压即粉碎,便于食用。经过冷冻干燥法处理的蜂花粉不能在常温下长期放置,只能在低温下保存;否则,极易被污染、变质、生虫。

4. 破壁处理法蜂花粉 自然的植物花粉有坚硬的外壳,有人认为必须将其破掉才能充分吸收其营养物质,但也有不同的观点。有关专家的试验证明:植物花粉的外壳虽然坚硬,但在这坚硬的外壳上有类似种子发芽的芽眼——萌发孔,当花粉经胃液消化时,其营养物质绝大部分从萌发孔中被析出。统计结果证明,破壁处理与不破壁处理的蜂花粉,其营养吸收率相差不多。

植物花粉颗粒非常小,只能在显微镜下才看得到;蜂花粉是经蜜蜂用唾液将植物花粉粘在一起的团粒。因此,散碎的花粉团绝对不是破壁的蜂花粉。

(二)以颜色和滋味来鉴别

因不同植物的花粉有不同的颜色,蜂花粉来源于不同植物的花,因此蜂花粉的颜色有白色、浅黄色、黄色、灰色、灰绿色、橘黄色、橘红色、褐色、黑色等多种。所以,优质单一品种的蜂花粉应是颜色一致的 。如果混入1%其他颜色的蜂花粉,即为一等品;混入1.5%其他颜色的蜂花粉,即为达标的杂花粉;如果混入了不是花粉的杂物及大量散碎花粉,此种蜂花粉不能食用。因不同植物的花粉有不同的滋味,所以蜂花粉的滋味也不尽相同。一般蜂花粉都略有辛、甜味和不同程度的苦涩感。不可有异味,如果出现异味说明它已被污染或发霉变质而不能食用(附表)。

附表　感官鉴别蜂花粉质量等级

性　状	特级蜂花粉	优等蜂花粉	一等蜂花粉	合格蜂花粉
颜　色	均匀一致无杂色	基本一致,不得混入多于0.5%的其他颜色的蜂花粉	基本一致,不得混入多于1%的其他颜色的蜂花粉	基本一致,不得混入多于1.5%的其他颜色的蜂花粉
状　态	不规则的扁圆形并压印着蜜蜂后腿花粉篮的印痕,形态均匀一致,无散碎花粉团	不规则的扁圆形并有蜜蜂后腿花粉篮的印痕,形态基本一致,碎花粉团≤1%	不规则的扁圆形并有蜜蜂后腿花粉篮的印痕,形态基本一致,碎花粉团≤2%	不规则的扁圆形,形态基本一致,碎花粉团≤3%
滋　味	略有辛、甜及程度不等的苦涩感,无发霉变质滋味	略有辛、甜味及程度不等的苦涩感,无发霉变质滋味	略有辛、甜味及程度不等的苦涩感,无发霉变质滋味	略有辛、甜味及程度不等的苦涩感,无发霉变质滋味

续附表

性　状	特级蜂花粉	优等蜂花粉	一等蜂花粉	合格蜂花粉
气　味	有单一的花香和蜂花粉独特的清香气味,无异常气味	有单一的花香和蜂花粉独特的清香气味,无异常气味	有单一的花香和蜂花粉独特的清香气味,无异常气味	有单一的花香气味,无异常气味
杂　质	不得有虫、虫卵、杂菌、死蜂等任何杂质	不得有虫、虫卵、杂菌、死蜂等任何杂质	不得有虫、虫卵、杂菌等杂质	不得有丝状物将花粉牵拉成串或结成球等现象及其他杂质
硬　度	冷冻蜂花粉解冻后花粉团较容易粉碎			

注:上市破壁蜂花粉应注明破壁率,仅供消费者参考。因花粉本身就很小,人类的感官根本无法分辨、鉴别破碎蜂花粉的破壁率及其真假。